KB125335

가장 쉬운

수학

적분

가장 쉬운 수학 적분

초 판 1쇄 발행일 2013년 11월 1일
개정판 1쇄 발행일 2018년 1월 12일

지은이 박구연
펴낸이 김지영 **펴낸곳** 지브레인Gbrain
편집 김현주
마케팅 김동준 · 조명구 **제작 · 관리** 김동영

출판등록 2001년 7월 3일 제2005-000022호
주소 04021 서울시 마포구 월드컵로7길 88 2층
전화 (02)2648-7224 **팩스** (02)2654-7696

ISBN 978-89-5979-531-4 (04410)
978-89-5979-534-5 SET

- 책값은 뒤표지에 있습니다.
- 잘못된 책은 교환해 드립니다.

앞 표지 이미지: www.shutterstock.com, 뒷 표지 이미지: www.freepik.com
본문 일부 이미지: www.freepik.com를 사용했습니다.

가장 쉬운

수학 적분

박구연 지음

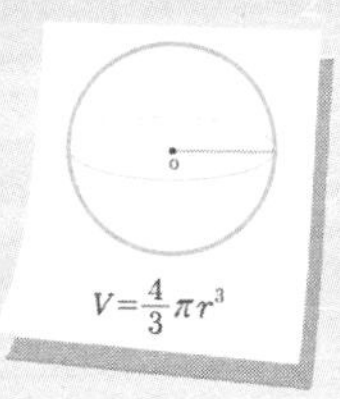

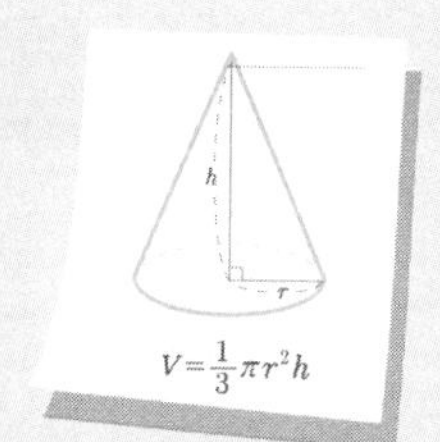

어렸을 때 땅따먹기 게임이나 고무줄 놀이를 해 보았을 것이다. 그 게임의 특징은 넓이를 확대하거나 고무줄의 길이를 늘리는 것을 반복하는 것이다. 그러다 보면 자연스럽게 넓이, 부피에 대한 수학적 관심이 커지게 된다. 어쩌면 이 놀이가 여러분이 접한 적분의 첫 시작일 수도 있다.

원을 그리거나 피자를 조각으로 나누어 배분하는 것도 적분 개념이 들어가 있다. 인공위성의 이동 궤도 계산이나 비행기 엔진, 선박의 설계, 의류의 제작에도 넓이나 부피의 개념이 들어간다. 그리고 이것 또한 적분의 한 분야이다. 하지만 우리가 적분을 정식으로 만나게 되는 것은 고등학교 2학년 때부터이다. 미분을 시작으로 적분을 접하게 되는 것이다. 《가장 쉬운 수학 적분》의 내용을 어떻게 구성할까? 어떤 예를 들까 고민하다가 일상생활 속 적분을 중심으로 하되 교과서에도 충실하기 위해 노력했다. 적분은 자연과학이나 통계학에만 이용되는 것이 아니라 넓이와 부피가 필요한 모든 곳에 쓰이고 있는 만큼 기본 개념을 이해한다면 큰 도움이 될 것이다.

《가장 쉬운 수학 적분》을 하기 전에 《가장 쉬운 수학 미분》을 머릿속에 떠올리며 이 책에서 강조하는 부분을 잘 살펴보길 바란다. 지금까지 강조해왔듯이, 수학을 할 때는 꼭 필요한 자세 즉 종이와 연필을 꺼내 직접 확인하면서 풀어보는 것 또한 잊지 않기를 바란다. 이런 습관을 몸에 익혀두면 기록이 남은 문제풀이를 통해 자신에게 무엇이 부족한지 알 수도 있다.

적분은 미분에 비해 공식이 적은 편이라 더 가벼운 마음으로 접근해보길 권한다. 반복 학습을 하다 보면 자신도 모르게 적분에 대한 이해와 자신감을 갖게 될 것이다. 적분을 시작하는 사람이나 적분을 새롭게 이해해야 할 사람 모두에게 이 책은 좋은 길잡이가 되어줄 것이다. 적분의 공식도 무조건 외우기보다는 미분의 공식과 함께 이해하면서 확인학습 하는 것이 중요하다. 미분처럼 적분 또한 그래프를 많이 그리며 시각화한다면 어떤 문제가 나와도 두렵지 않을 것이다. 미분 · 적분의 형태와 개념을 그래프만큼 한눈에 보여줄 수 있는 것은 없기 때문이다.

《가장 쉬운 수학 적분》이 여러분의 적분에 대한 자신감에 큰 도움이 되었으면 하는 바람이다. 다양하고 복잡해 보이는 기호로 둘러싸인 적분이 당장 쉬워 보일 수는 없지만 꾸준히 문제를 풀고 그래프를 그리다 보면 재미와 적분의 아름다움을 발견할 수도 있을 것이다. 그리고 여러분이 그런 발견자가 되길 간절히 바라는 만큼 3번 이상 이 책을 처음부터 끝까지 (단번에 이해를 못하더라도 차근차근 돌다리를 건너는 마음으로) 본다면 여러분의 적분에 대한 실력은 크게 향상되어 있으리라 자신한다.

어쩌면 이 책을 마스터한 후 전 세계에 있는 바닷물의 부피를 계산할 생각이 들 수 있다. 그만큼 적분에 대한 많은 흥미와 호기심을 가져보길 바란다.

박구연

CONTENTS

적분의 역사

적분은 고대에 원을 비롯한 곡선으로 둘러싸인 도형의 넓이나 입체의 부피를 구해야 할 필요성에서 생겨났다. 가령 배를 만들 때는 곡선으로 둘러싸인 도형의 넓이나 곡면으로 둘러싸인 도형의 부피를 구해야 한다. 또 미분과 달리 적분은 움직이지 않는 도형에 관한 연구이기 때문에 오래전부터 활발히 연구되어왔다.

적분의 시작은 그리스의 철학자이자 수학자인 안티폰Antiphon(B.C 480~411)과 에우독소스Eudoxos(B.C 408~355)의 착출법으로, 착출법搾出法은 그리스의 철학자이자 수학자인 브리슨Brison이 창안했다. 도형의 넓이를 구하기 위해 어떤 양을 $\frac{1}{2}$ 이하의 비율로 점점 줄여나가면 어떤 임의의 양수보다 작게 할 수 있다는 착출법은 아주 획기적인 방법이었다.

안티폰은 원 안의 다각형의 변의 수를 늘리면 그 다각형이 원에 가까워져서 원의 넓이를 구할 수 있다고 생각했다. 고대 그리스의 철학자인 아르키메데스Archimedes(B.C 287~212)는 이를 증명하고 구분구적법을 정의하여 실제로 구의 부피와 겉넓이를 계산함으로써 적분은 진일보했다.

4세기경 중국의 조항지는 적분법을 사용해 두 권으로 이루어진《철술》을 저술했다. 14세기에는 프랑스의 오렘N.Oresme(1320~1382)이 과학과 연계하여 등가속도와 속도의 차이를 인식하고, 등가속도로 움직이는 물체가 이동한 거리를 연구하면서 속도는 동일한 시간 간격 동안 동일한 양으로 증가하는 것을 알아냈다. 케플러J.Kepler(1571~1630)는 태양과 궤도 위의 무한한 두 점을 꼭짓점으로 하는 무한히 작은 삼각형이 넓이를 이루는 것을 알아냄으로써 적분 발전에 큰 기여를 했다. 카발리에리B.Cavalieri(1598~1647)는 정적분의 기초를 세웠으며 적분법의 일종인 불가분량법은 유명하다.

17세기에 이르러 적분에 대한 연구는 더욱더 활발해졌다. 도형의 넓이를 사각형화하여 구한 이는 페르마P.Fermat(1601~1665)로, 구분구적법을 정리함과 동시에 곡선 아래의 넓이를 구체적으로 구하는 법도 증명했다. 리만G.W.B Riemann(1826~1866)은 리만 적분을 정의했으며 물리학에 영향을 주었다. 토리첼리E. Torricelli(1608~1647), 배로우I. Barrow(1630~1677)는 다항함수를 연구했다. 토리첼리는 무한소 개념을 도입해 포물선의 일부의 넓이를 계산하는 방법을 창안했으며 극한을 도입하고 적분을 통해 가속도, 속도, 거리의 관계를 증명했다.

또 뉴턴I.Newton(1642~1727)과 라이프니츠G.W.V Leibniz (1646~1716)의 적

분 연구는 풍성한 에피소드와 함께 적분 발전에 크게 기여했다. 그 중 뉴턴의 업적으로 손꼽히는 것은 물리학의 운동과 속도를 적용한 적분 연구와 유리함수에 관한 적분 연구이다. 라이프니츠는 현대 적분의 기호인 인티그럴($\int$)을 사용해 적분의 계산을 정형화했다.

뉴턴과 라이프니츠는 적분 연구 결과를 놓고 누가 먼저인지에 대한 감정적 대립을 했지만 사실 그들의 연구에는 차이가 있었다. 뉴턴은 무한급수에 관한 적분과 과학의 물체에 대한 운동, 속도를 연구한데 비해, 라이프니츠는 멱급수의 적분을 연구했으며 과학 분야에서 이룬 그의 업적이라면 수학적 표기에 불과했다. 이들 연구의 공통점이라면 넓이와 부피에 관한 적분을 활발히 연구했다는 점이다.

코시^A.L.Cauchy^(1789~1857)에 의해 적분은 현대 수학에 근접한 정리가 완성된다. 특히 극한, 연속 개념으로 적분의 원리를 개발한 것은 그의 최대 업적으로, 복소해석학에서 코시 적분 정리는 유명하다. 프랑스의 수학자 르베그^H.L Lebesgue^(1875~1941)가 정의한 측도론과 르베그 적분은 리만 적분과 함께 적분의 새로운 발견으로 인정받고 있다.

고대 이집트와 그리스를 시작으로 오랜 세월 수많은 수학자들이 적분을 연구해온 이유는 단순하다. 배를 만들어 교역을 하고 다리를 건설하거나 오븐요리를 꺼낼 때 안전한 손잡이 위치를 결정하는 등 일상생활에 필요한 다양한 분야의 구체적 실현을 위해 적분이 필요하기 때문이다. 따라서 적분은 시작이 어렵더라도 배우면 우리가 원하는 미래를 위한 투자가 될 수도 있고 배우면 배울수록 익숙해지는 재미있는 학문이다.

적분의 시작

적분은 한자어로 積分이며 나누어서 쌓는다는 의미이다. 넓이와 부피를 구하는 것과 그래프를 분석하는 것도 적분에 포함된다. 적분은 고정된 도형을 주로 구하기 때문에 미분보다는 오래전부터 연구됐다. 반대로 미분은 순간변화율을 구하기 때문에 움직이는 것을 구한다.

초등학교 삼학년 교육과정에는 삼각형의 넓이를 구하는 공식이 있다. 삼각형의 밑변의 길이와 높이를 안다면 이 공식을 이용해 금방 풀 수 있다.

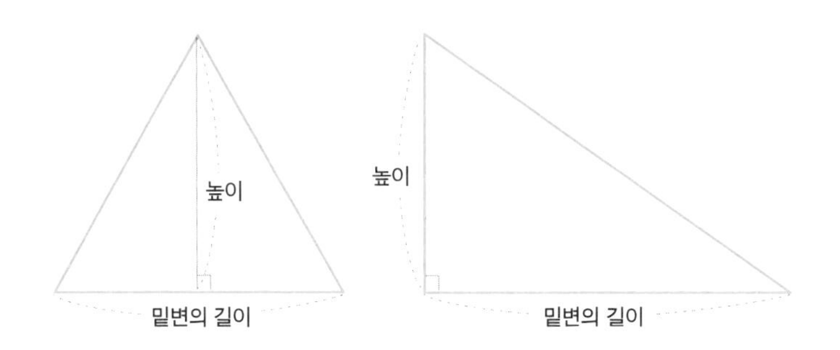

적분의 시작은 도형의 넓이를 구하는 것부터이다. 그런데 도형은 삼각형만 있는 것이 아니다. 사각형은 두 개의 삼각형으로 나눌 수 있는데 이는 사각형을 두 개의 삼각형으로 쪼개어 구할 수 있다는 의미이다. 그리고 이는 적분이라고 할 수 있다. 적분의 본래 의미는 도형을 쪼갠 후 다시 합하여 계산하는 것이다.

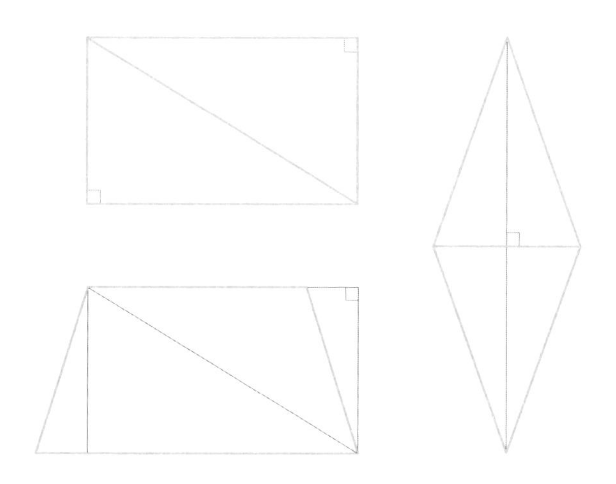

사각형을 두 개의 삼각형으로 나누어서 구할 수 있다

즉 공식에 의지하지 않고서도 두 개의 삼각형으로 나누어 구할 수 있는 것이다. 이것은 오각형을 비롯해 도형이 계속 커지더라도 같다.

그렇다면 원은 어떤 방법으로 넓이를 구할 수 있을까?

원 안에 변의 수가 계속 증가하는 정다각형을 생각해보자.

다음 그림처럼 원 안에 있는 정다각형을 계속 늘리면 정다각형의 넓이는 원에 가까워진다.

각이 여러 개인 도형일수록 그 도형이 원에 가까워진다는 이러한 내용은 고대부터 계속 연구되어왔다. 따라서 넓이에 관한 적분은 긴 역사를 가지고 있다. 중학교 과정에 나오는 원의 넓이가 πr^2인 것도 적분을 통해 증명할 수 있다. 구의 부피가 $\frac{4}{3}\pi r^3$인 이유와 구의 겉넓이가 $4\pi r^2$인 이유도 적분을 이용해 증명할 수 있다.

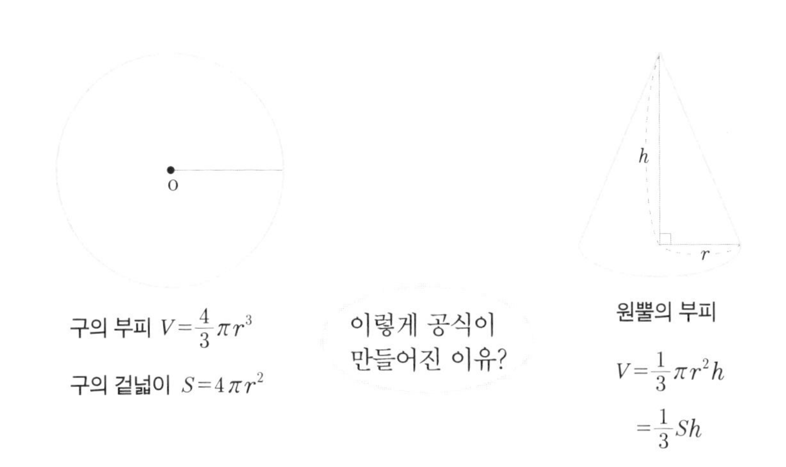

적분을 통해 입체도형의 부피와 겉넓이를 구하는 식을 유도해본다면 도형을 더 깊이 이해할 수 있다. 또한 보다 복잡한 도형도 적

분을 통해 부피와 넓이를 구할 수 있다.

속도와 가속도, 위치 역시 그래프를 통해 더 잘 알 수 있다. 뿐만 아니라 함수의 그래프를 적분할 수도 있다. 일차함수는 일반적으로 x절편과 y절편을 정하면 밑변의 길이와 높이를 알 수 있다.

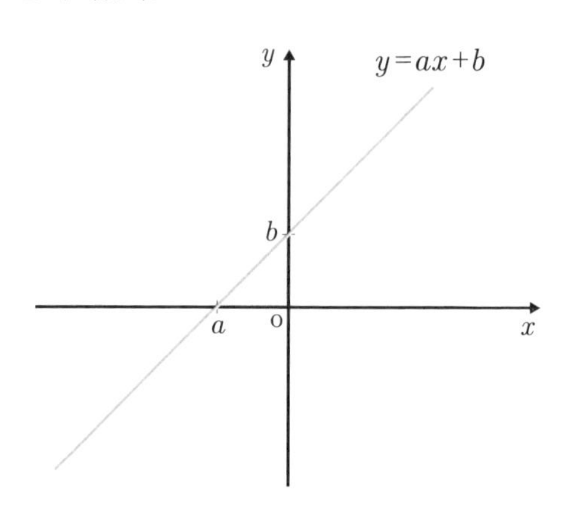

위의 그림처럼 x절편이 a, y절편이 b이면 밑변의 길이가 a, 높이가 b가 되어 삼각형의 넓이 $S=\frac{1}{2}ab$가 된다. 이것은 적분을 통해서도 구할 수 있다.

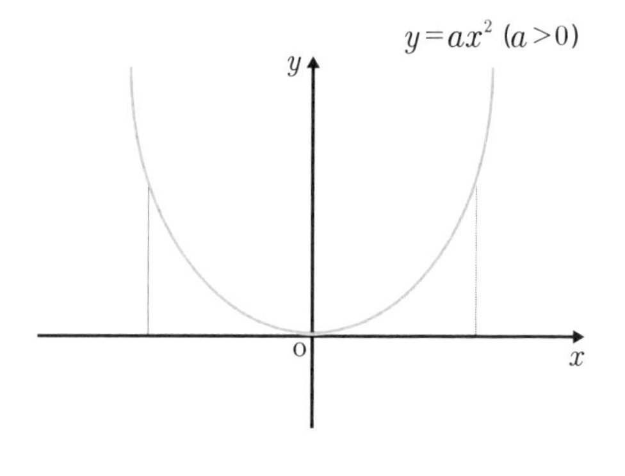

그렇다면 이차함수 그래프의 색칠된 부분의 넓이도 구할 수 있을까?

지금은 불가능하다. 색칠된 부분은 공식이 있는 것이 아니고 포물선도 원이 아니기 때문에 구하는 공식도 없기 때문이다. 따라서 넓이를 구하려면 적분을 이용해야 한다. 그래프의 식과 적분 구간을 알면 적분할 수 있으므로 적분 식을 적용하면 문제를 해결할 수 있다.

적분 구간이 정해지지 않은 적분을 부정적분 indefinite integral, 범위가 주어진 적분을 정적분 definite integral 이라 하며 이는 좁은 의미에서 적분을 분류한 것이다. 부정적분을 계산할 줄 알면 정적분은 쉽게 풀 수 있다.

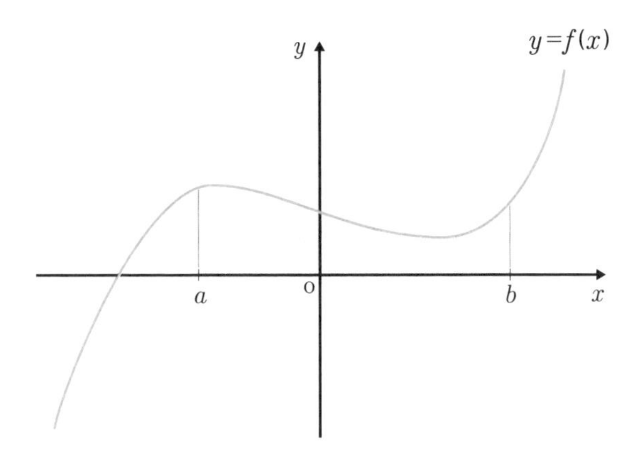

그림처럼 색칠된 부분의 넓이도 적분을 통해 구할 수 있다. 이런 경우 그래프 아래의 색칠된 부분의 넓이를 함수를 통해 적분하면 된다.

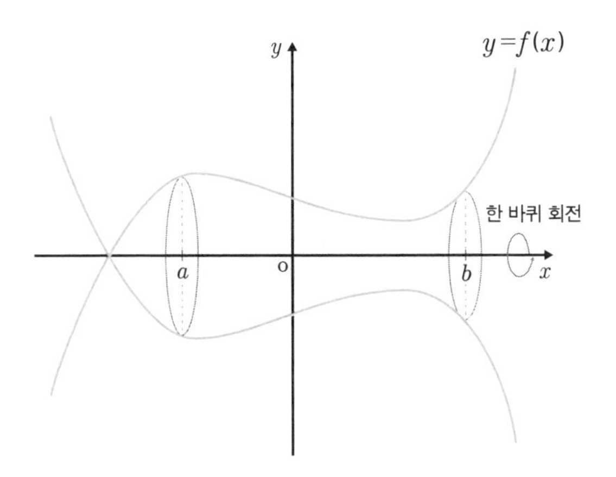

한 바퀴를 회전하면 부피 또한 구할 수 있다. 적분은 이처럼 넓이와 부피를 구할 때 폭넓게 쓰인다.

따라서 점, 선, 넓이, 부피의 미분과 적분 관계는 다음과 같다.

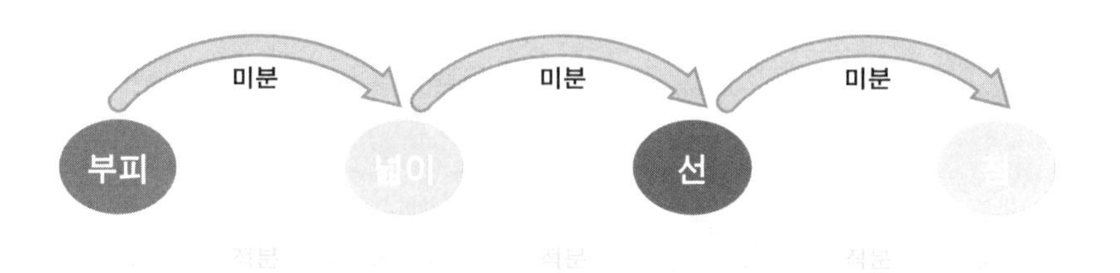

미분과 적분 관계

또한 미분과 거리, 속도, 가속도의 관계는 다음과 같다.

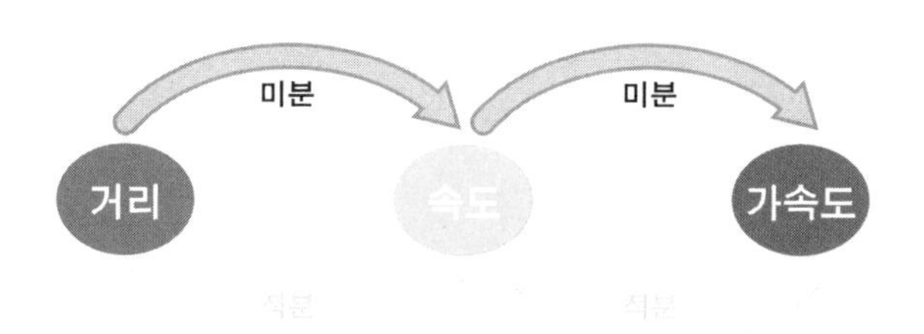

미분과 적분 관계

그림을 살펴보면 알 수 있듯 미분과 적분은 거리, 속도, 가속도가 반대 관계이다. 가속도를 적분하면 속도가, 속도를 적분하면 거리가 되는 것이다. 단 적분할 때는 적분상수 C가 붙는다. 적분은 미분과 반대로 계산이 되어서 뉴턴은 적분을 역미분逆微分이라고도 했다.

부정적분

부정적분[indefinite integral]은 적분에서 가장 기본으로 알아야 할 부분이다. 일차방정식을 풀기 위해서는 문자와 식을 학습하고 단항식과 다항식을 계산할 수 있어야 한다. 그리고 이차방정식은 인수분해를 할 수 있어야 하듯 부정적분도 적분을 하기 위한 계산의 초기 단계이므로 반드시 알아야 한다. 적분의 계산이 가능해야 다음 단계인 정적분으로 나아가고 계속해서 응용을 할 수 있기 때문이다.

부정적분

함수 $F(x)$의 도함수를 $f(x)$로 할 때 $F'(x)=f(x)$이다. 이때 $F(x)$를 $f(x)$의 부정적분 또는 원시함수라 한다. 기호로는 $\int f(x)\,dx$로 나타낸다. $f(x)$는 피적분함수이며, x는 적분변수이다.

여기서 $\int$은 sum의 약자인 s를 나타내며, 인티그럴[integral]로 읽는다.

그리고 $f(x)$의 부정적분 중 하나를 $F(x)$로 하면,

$\int f(x)dx = F(x) + C$ (단 C는 적분상수)가 된다. 부정적분은 C가 정해지지 않고 적분 구간도 주어지지 않는다.

이제 부정적분과 미분의 관계에 대해 알아보자.

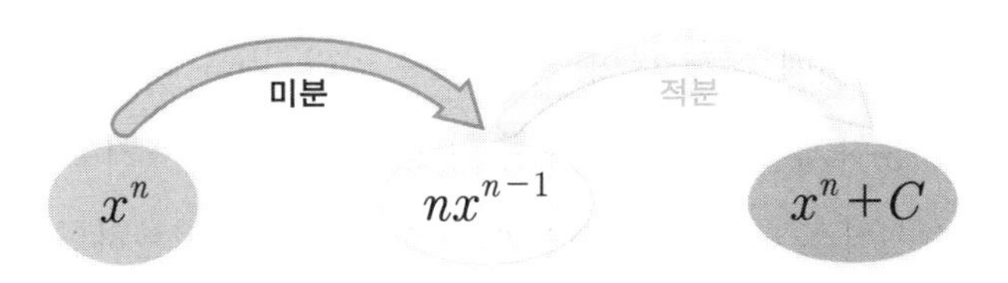

$f(x)$를 x^n으로 할 때 미분하면 nx^{n-1}이다. 거꾸로 nx^{n-1}을 적분하면 x^n+C이다. 이것은 계산을 할 때 미분과 적분은 반대관계라는 것을 알려준다. 만약 x^n을 적분하면 어떻게 될까? 이때는 $\frac{1}{n+1}x^{n+1}+C$가 된다.

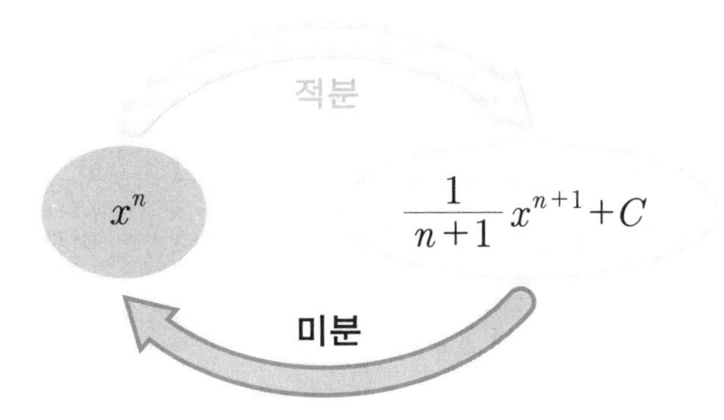

그렇다면 $\frac{1}{n+1}x^{n+1}+C$를 미분하면 x^n이 아니라 x^n+C일까? 그에 대한 답변은 다음과 같다.

C는 적분상수이다. 적분상수는 미분하면 0이 된다.

따라서 $\frac{1}{n+1}x^{n+1}+C$을 미분하면 x^n이며 이를 적분하면, $\frac{1}{n+1}x^{n+1}+C$가 되어야 한다.

적분을 계산하면 미분과 반대로 계산하기 때문에 처음에는 차수가 높아지는 것에 대해 많이 헷갈릴 수 있다. 예를 들어 x를 보자. x는 가장 흔하게 쓰이면서도 차수의 1이 생략되어 표기된다. 원래는 x^1(x의 일제곱)이기 때문이다. 이것을 기억하며 적분하면 차수에 대한 실수는 많이 줄어든다.

$$\int x\,dx=\int \frac{1}{1+1}x^{1+1}+C=\frac{1}{2}x^2+C$$

마찬가지로 x 앞에 $-$를 붙여서 $-x$를 적분하면 $-\frac{1}{2}x^2+C$가 된다.

이번에는 차수를 하나 더 올려 x^2을 적분하자.

$$\int x^2\,dx=\int \frac{1}{2+1}x^{2+1}+C=\frac{1}{3}x^3+C$$

특히 적분상수인 C를 빠뜨리지 않도록 항상 기억하자.

계속해서 이번에는 상수의 적분을 해볼 것이다. 1을 적분해보자.

$$\int 1\,dx=\int 1\cdot x^0\,dx=\int x^0\,dx=\frac{1}{0+1}x^{0+1}+C=x+C$$

바로 앞에서도 이야기했지만 수학에서는 차수와 계수가 1일 때 생략하는 경우가 많다. 따라서 $\int 1dx$도 $\int dx$로 표기한다.

이제 2를 적분하면 다음과 같다.

$$\int 2\,dx = 2 \cdot \int dx = 2x + C$$

이를 통해 여러분은 상수값이 커짐에 관계없이 상수가 있을 때는 적분을 하면 상수 뒤에 변수 x가 하나 더 붙고 적분상수를 더한 식이 된다는 것을 알 수 있다.

여기서 **Check Point**

모든 수의 0제곱이 똑같이 1인 이유는?

1^1이 1인 것은 이미 알 것이다. 1^2이 $1\times1=1$인 것도 알 것이다. 이를 표현하면 다음과 같다.

$$1^1 = 1 \times 1 = 1$$
$$1^2 = 1 \times 1 \times 1 = 1$$
$$1^3 = 1 \times 1 \times 1 \times 1 = 1$$
$$\vdots$$

1^1은 1에 1을 한 번 더 곱한 것으로 생각한다. 그러면 1^0은 1에 1을 한번도 곱하지 않은 것이다. 따라서 1이다.

이번에는 a로 생각해보자. a는 어떠한 임의의 수라도 좋다.

$$a^1 = 1 \times a$$
$$a^2 = 1 \times a \times a$$
$$a^3 = 1 \times a \times a \times a$$
$$\vdots$$

a^1은 1에 a를 한 번 곱한 것이므로 자기 자신의 수이다. 그리고 a^0은 1에 a를 한 번도 곱하지 않았기 때문에 1이다.

모든 수의 0제곱을 그림으로 이해하는 방법도 있다. 바로 지수함수의 그래프를 이용해 한 눈에 보는 방법이다. 지수함수 그래프는 (0, 1)을 지나는 곡선의 그래프이다. 지수에 해당하는 점의 x좌표가 밑의 값에 관계없이 0일 때 $y=1$이므로 이 그래프로 확인할 수 있다.

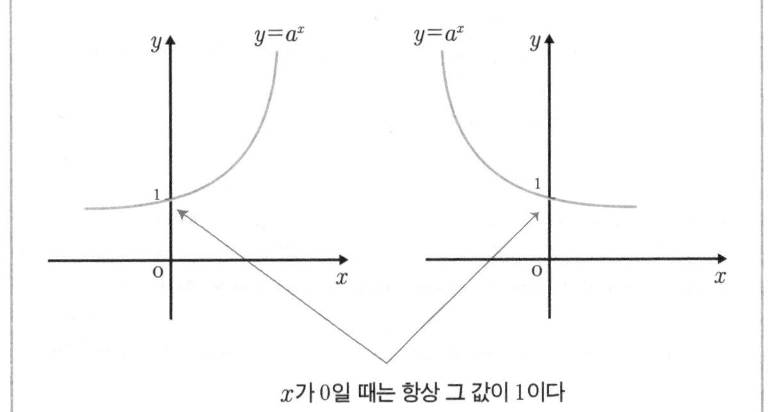

x가 0일 때는 항상 그 값이 1이다

또한 지수법칙으로도 증명할 수 있다.

지수 법칙 중에서 $a^{m-n}= a^m \div a^n$을 이용한다. m과 n은 같으므로 $a^{0-0}=\frac{a^0}{a^0}=1$로 증명된다.

다음은 부정적분에서 기억해두면 편리한 성질이다.

두 함수 $f(x), g(x)$에 대해

(1) $\int kf(x)\,dx=k\int f(x)\,dx$ (단 k는 실수)

(2) $\int \{f(x)+g(x)\}dx=\int f(x)\,dx+\int g(x)\,dx$

(3) $\int \{f(x)-g(x)\}dx=\int f(x)\,dx-\int g(x)\,dx$

이에 대해 증명해보자.

$F(x)=\int f(x)\,dx,\ G(x)=\int g(x)\,dx$로 하면,

$F'(x)=f(x),\ G'(x)=g(x)$이므로

(1) 임의의 실수 k에 대해 $\{kF(x)\}'=kF'(x)=kf(x)$

$\therefore \int kf(x)\,dx=kf(x)=k\int f(x)\,dx$

(2) $\{F(x)+G(x)\}'=F'(x)+G'(x)=f(x)+g(x)$

(3) $\{F(x)-G(x)\}'=F'(x)-G'(x)=f(x)-g(x)$

$f(x)=2x+1$를 통해 이 내용이 맞는지 살펴보자. 이 식을 부정적분하면,

$$\begin{aligned}\int f(x)\,dx &= \int (2x+1)\,dx \\ &= \int 2x\,dx + \int 1dx \\ &= 2\int x\,dx + \int 1dx \\ &= 2\cdot\frac{1}{2}x^2+x+C \\ &= x^2+x+C\end{aligned}$$

계속해서 이번에는 차수를 높여 풀어보자.

$g(x)=8x^3+7x+9$라는 식을 부정적분하면,

$$\begin{aligned}\int g(x)\,dx &= \int (8x^3+7x+9)\,dx \\ &= 8\int x^3+7\int x\,dx+\int 9\,dx \\ &= 8\cdot\frac{1}{4}x^4+7\cdot\frac{1}{2}x^2+9x+C \\ &= 2x^4+\frac{7}{2}x^2+9x+C\end{aligned}$$

이때 부정적분은 항이 많더라도 계산을 한 후 나중에 적분상수 C를 꼭 붙여야 한다.

이처럼 다항식의 부정적분은 공식이 단순하기 때문에 큰 어려움 없이 풀 수 있다.

부정적분 계산을 검토하는 방법은 적분계산한 식을 다시 미분하여 인티그럴 안의 피적분함수가 되는지 확인하는 것이다.

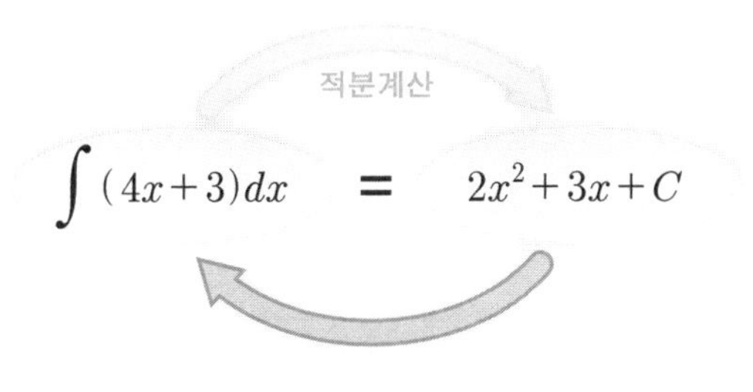

미분해서 피적분함수가 나와야 한다

즉 우변의 이차식 $2x^2+3x+C$가 피적분함수 $4x+3$이 되는지 검토하는 것이 중요하다.

그리고 $\int f(y)dy$를 계산하는 것은 $f(y)$에 관한 식을 적분하는 것이다. x 대신 y가 된 것일 뿐 계산 방법은 동일하다.

$\int (4y+3)\,dy = 2y^2+3y+C$인 것이다.

어떠한 문자로 바뀌어도 그에 대해 적분하는 것이므로 변수를 보고 문제를 풀면 된다.

실력 Up

문제 1 $\int \frac{2}{3} y^3 dy$를 계산하여라.

풀이 $\int \frac{2}{3} y^3 dy = \frac{2}{3} \int y^3 dy = \frac{2}{3} \times \frac{1}{4} y^4 + C = \frac{1}{6} y^4 + C$

답 $\frac{1}{6} y^4 + C$

문제 2 $\int x^{2018} dx$를 계산하여라.

풀이 $\int x^{2018} dx = \frac{1}{2018+1} \cdot x^{2018+1} = \frac{1}{2019} x^{2019}$

답 $\frac{1}{2019} x^{2019}$

문제 3 $\int (4x^5 + 1) dx$를 계산하여라.

풀이 $\int (4x^5 + 1) dx = \int 4x^5 dx + \int dx$

$$= 4 \times \frac{1}{6} x^6 + x + C = \frac{2}{3} x^6 + x + C$$

답 $\frac{2}{3} x^6 + x + C$

실력 Up

문제 4 $\int (t-1)^2 dt$를 계산하여라.

풀이 $\int (t-1)^2 dt = \int (t^2-2t+1)\, dt = \frac{1}{3}t^3 - t^2 + t + C$

답 $\frac{1}{3}t^3 - t^2 + t + C$

문제 5 $\int (5x^2+2x+1)\, dx$를 계산하여라.

풀이 $\int (5x^2+2x+1)\, dx = \int 5x^2 dx + \int 2x\, dx + \int 1 dx$

$$= \frac{5}{3}x^3 + x^2 + x + C$$

답 $\frac{5}{3}x^3 + x^2 + x + C$

문제 6 $\int (x^4-2x^2+7)\, dx$를 계산하여라.

풀이 $\int (x^4-2x^2+7)\, dx = \int x^4 dx - 2\int x^2 dx + \int 7\, dx$

$$= \frac{1}{5}x^5 - \frac{2}{3}x^3 + 7x + C$$

답 $\frac{1}{5}x^5 - \frac{2}{3}x^3 + 7x + C$

실력 Up

문제 7 $\int \frac{x^3}{x+1}\,dx+\int \frac{1}{x+1}\,dx$를 계산하여라.

풀이
$$\int \frac{x^3}{x+1}\,dx+\int \frac{1}{x+1}\,dx=\int \frac{x^3+1}{x+1}\,dx$$
$$=\int \frac{(x+1)(x^2-x+1)}{x+1}\,dx$$
$$=\int (x^2-x+1)\,dx$$
$$=\frac{1}{3}x^3-\frac{1}{2}x^2+x+C$$

답 $\frac{1}{3}x^3-\frac{1}{2}x^2+x+C$

여기서 Check Point

적분 계산에서 삼차식의 인수분해가 필요할 때가 있다. 따라서 기억하는 것이 문제해결에 빠르다.

(1) $a^3+b^3=(a+b)(a^2-ab+b^2)$

(2) $a^3-b^3=(a-b)(a^2+ab+b^2)$

(3) $a^3+b^3+c^3-3abc$
$=(a+b+c)(a^2+b^2+c^2-ab-bc-ca)$

(4) $a^3+b^3+c^3-3abc$
$=\frac{1}{2}(a+b+c)\{(a-b)^2+(b-c)^2+(c-a)^2\}$

문제 7에서는 (1)번 삼차식의 인수분해가 쓰였다.

문제 8 $\int\left(\frac{d}{dx}4x\right)dx$를 구하여라.

풀이 이 문제는 적분과 미분이 혼합된 문제이다. 이런 경우에는 $\frac{d}{dx}4x$를 먼저 풀고 적분한다.

$\frac{d}{dx}4x=4$ 따라서 괄호 안은 4이므로

$$\int\left(\frac{d}{dx}4x\right)dx=\int 4\,dx=4x+C$$

이 문제에서 미분을 한 뒤 적분을 하면 적분상수 C가 생긴다는 것을 알 수 있다.

답 $4x+C$

문제 9 $\frac{d}{dx}\int x^2dx$를 구하여라.

풀이 먼저 적분을 한 뒤 미분한다.

$\int x^2dx=\frac{1}{3}x^3+C$이므로 $\frac{d}{dx}\int x^2dx=\frac{d}{dx}\left(\frac{1}{3}x^3+C\right)=x^2$

이 문제에서 적분을 한 뒤 미분을 하면 그대로인 것을 알 수 있다. 적분상수 C도 붙지 않는다.

답 x^2

실력 Up

10 $\int (x+t)^3 dx$를 구하여라.

풀이 $\int (x+t)^3 dx = \int (x^3+3x^2t+3xt^2+t^3)\,dx$

$= \int x^3 dx + 3t\int x^2 dx + 3t^2\int x dx + \int t^3 dx$

$= \frac{1}{4}x^4 + tx^3 + \frac{3}{2}t^2x^2 + t^3x + C$

답 $\frac{1}{4}x^4 + tx^3 + \frac{3}{2}t^2x^2 + t^3x + C$

부정적분에서 $\int(ax+b)^n dx$의 공식

부정적분에서 $\int(2x+1)^2dx$는 전개하면서 풀면 어렵지 않다. 그러나 $\int(2x+1)^5dx$는 금방 풀기가 어렵고 전개를 하다가 틀릴 수도 있다. 하물며 $\int(6x+5)^7dx$는 검산을 해도 시간이 꽤 걸린다. 그렇다면 더 빨리 정확하게 풀 수 있는 공식은 없을까? 물론 있다. 하지만 피적분함수의 괄호 안 식이 일차식일 때만 성립한다.

$\int(ax+b)^n dx=\frac{1}{a}\cdot\frac{1}{n+1}(ax+b)^{n+1}+C$(단 $a\neq0$, n은 자연수)이 그 공식이다. 이제 이것을 증명해보자.

$$\int(ax+b)^n dx=\frac{1}{a}\cdot\frac{1}{n+1}(ax+b)^{n+1}+C$$

양변을 미분하면

$$\frac{d}{dx}\int(ax+b)^n dx=\frac{1}{a}\cdot\frac{1}{n+1}\cdot(n+1)(ax+b)^n\cdot a$$

$$(ax+b)^n=\frac{1}{a}\cdot\frac{1}{n+1}\cdot(n+1)(ax+b)^n\cdot a$$

a와 $(n+1)$끼리 약분하면

$$(ax+b)^n=(ax+b)^n$$

좌변과 우변의 식이 같으므로 이 공식은 성립한다.

그렇다면 $\int(2x+3)^7dx$를 풀어보자.

$$\int(2x+3)^7dx=\frac{1}{8}(2x+3)^8\cdot\frac{1}{2}=\frac{1}{16}(2x+3)^8+C$$

부분분수의 부정적분

분수함수식을 적분할 때 부분분수식을 접할 때가 있다. 부분분수식은 $\frac{1}{A \cdot B} = \frac{1}{B-A}\left(\frac{1}{A} - \frac{1}{B}\right)$이다. 이 식을 도출하는 방법은,

$$\frac{1}{1 \cdot 2} = \frac{1}{2-1}\left(\frac{1}{1} - \frac{1}{2}\right) = \frac{1}{2}$$

$$\frac{1}{2 \cdot 3} = \frac{1}{3-2}\left(\frac{1}{2} - \frac{1}{3}\right) = \frac{1}{6}$$

$$\frac{1}{3 \cdot 4} = \frac{1}{4-3}\left(\frac{1}{3} - \frac{1}{4}\right) = \frac{1}{12}$$

$$\vdots$$

이다. 식을 계속 전개하면 $\frac{1}{A \cdot B} = \frac{1}{B-A}\left(\frac{1}{A} - \frac{1}{B}\right)$의 규칙이 나옴을 알 수 있다.

$\int \frac{1}{x(x+1)}\,dx$를 풀어보자.

$\int \frac{1}{x(x+1)}\,dx$에서 먼저 $\frac{1}{x(x+1)}$을 부분분수식으로 해결한 후 적분함수를 구해야 한다.

$$\frac{1}{x(x+1)} = \frac{1}{(x+1)-x}\left(\frac{1}{x} - \frac{1}{x+1}\right) = \frac{1}{x} - \frac{1}{x+1}$$ 이며,

$$\int \left(\frac{1}{x} - \frac{1}{x+1}\right) dx = \ln|x| - \ln|x+1|$$

$$= \ln\left|\frac{x}{x+1}\right| + C$$

여기서 $\int \frac{1}{x}\,dx$와 $\int \frac{1}{x+1}\,dx$는 각각 $\ln|x|$, $\ln|x+1|$이 됨을 유의한다.

계속해서 $\int \frac{x^2+2}{x-1}\,dx$를 구해보자.

이 분수함수식은 부분분수식을 쓰지 않지만 직접 적분이 되지 않기 때문에 나누어 약분을 거쳐 적분한다.

$$
\begin{aligned}
\int \frac{x^2+2}{x-1}\,dx &= \int \frac{x^2-1+3}{x-1}\,dx \\
&= \int \left(\frac{x^2-1}{x-1} + \frac{3}{x-1} \right) dx \\
&= \int \left(x+1+\frac{3}{x-1} \right) dx \\
&= \frac{1}{2}x^2+x+3\ln|x-1|+C
\end{aligned}
$$

이번에는 $\int \frac{2x+1}{(x-1)(x-2)}\,dx$를 구해보자.

피적분함수 $\frac{2x+1}{(x-1)(x-2)}$을 직접 적분할 수가 없으므로 $\frac{a}{x-1}+\frac{b}{x-2}$ 형태로 나누어서 생각한다. 이것도 부분분수식이며 항등식을 이용한 풀이방법 중 하나이다.

$$\frac{2x+1}{(x-1)(x-2)}=\frac{a}{x-1}+\frac{b}{x-2}$$

우변을 통분하면

$$=\frac{a(x-2)+b(x-1)}{(x-1)(x-2)}$$

$$=\frac{(a+b)x-(2a+b)}{(x-1)(x-2)}$$

항등식의 성질을 이용해 좌변과 우변을 풀면

$a+b=2,\ 2a+b=-1$

$\therefore\ a=-3,\ b=5$

$$\frac{2x+1}{(x-1)(x-2)}=\frac{a}{x-1}+\frac{b}{x-2}=-\frac{3}{x-1}+\frac{5}{x-2}$$

따라서 $\displaystyle\int\frac{2x+1}{(x-1)(x-2)}dx=\int\left(-\frac{3}{x-1}+\frac{5}{x-2}\right)dx$

$$=-3\ln|x-1|+5\ln|x-2|+C$$

삼각함수의 부정적분 공식

삼각함수의 부정적분은 미분법으로 증명할 수 있다. 공식이 있더라도 양변을 미분해 성립여부를 판단하는 것이다. 미분의 증명은 극한을 이용했지만 적분은 이미 성립된 미분 공식을 이용하기 때문에 편리하다. 그리고 삼각함수는 부정적분뿐만 아니라 적분에서 도형의 넓이와 부피를 구할 때 많이 필요하므로 항상 기억해야 한다.

(1) $\int \sin x\, dx = -\cos x + C$

(2) $\int \cos x\, dx = \sin x + C$

(3) $\int \tan x\, dx = \ln|\sec x| + C = -\ln|\cos x| + C$

(4) $\int \csc^2 x\, dx = -\cot x + C$

(5) $\int \sec^2 x\, dx = \tan x + C$

(6) $\int \frac{1}{x^2 - a^2}\, dx = \frac{1}{2a} \ln\left| \frac{x-a}{x+a} \right| + C$

(7) $\int \frac{1}{x^2 + a^2}\, dx = \frac{1}{a} \tan^{-1} \frac{x}{a} + C \ (a \neq 0)$

(8) $\int \frac{1}{\sqrt{a^2 - x^2}}\, dx = \sin^{-1} \frac{x}{a} + C \ (-a < x < a)$

(9) $\int \frac{1}{\sqrt{x^2 + a}}\, dx = \ln\left| x + \sqrt{x^2 + a} \right| + C \ (x^2 + a > 0)$

아홉 가지 공식 중에서 (1), (2), (3), (4), (5)번은 꼭 기억해야 한다. 증명은 좌변과 우변을 미분하면 해결된다. 또 삼각함수가 포함된 적분이라고 해서 꼭 증명이 어려운 것만은 아니다. 식을 간단히 한 후 쉽게 풀리는 문제도 종종 있다. 따라서 식을 단순하게 만드는 것을 중점으로 문제를 풀면 된다.

$\int (2\sin x + x^2)\, dx$을 계산해보자.

$$\int (2\sin x + x^2)\, dx = 2\int \sin x\, dx + \int x^2 dx$$

$$= -2\cos x + \frac{1}{3}x^3 + C$$

1 $f(\theta) = \int (2\sin\theta + 2\cos\theta)^2 d\theta - \int 8\sin\theta\cos\theta\, d\theta$를 구하여라.

풀이

$$\int (2\sin\theta + 2\cos\theta)^2 d\theta - \int 8\sin\theta\cos\theta\, d\theta$$

$$= \int (4\sin^2\theta + 8\sin\theta\cos\theta + 4\cos^2\theta)\, d\theta - 8\int \sin\theta\cos\theta\, d\theta$$

$$= \int (4\sin^2\theta + 4\cos^2\theta)\, d\theta$$

$$= \int 4(\underbrace{\sin^2\theta + \cos^2\theta}_{=1})\, d\theta$$

$$= \int 4d\theta = 4\theta + C$$

답 $4\theta + C$

문제 2 $3\int \tan^2\theta\, d\theta - \int \frac{3+\cos^2\theta}{\cos^2\theta}\, d\theta$를 구하여라.

풀이 $3\int \tan^2\theta\, d\theta - \int \frac{3+\cos^2\theta}{\cos^2\theta}\, d\theta$

$$= \int 3(\sec^2\theta - 1)\, d\theta - \int \frac{3+\cos^2\theta}{\cos^2\theta}\, d\theta$$

$$= \int (3\sec^2\theta - 3)\, d\theta - \int (3\sec^2\theta + 1)\, d\theta$$

$$= \int (-4)\, d\theta$$

$$= -4\theta + C$$

답 $-4\theta + C$

여기서 Check Point

$\sin^2\theta + \cos^2\theta = 1$에서 양변을 $\sin^2\theta$로 나누면, $1+\cot^2\theta = \csc^2\theta$이다.

양변을 $\cot^2\theta$로 나누면 $\tan^2\theta + 1 = \sec^2\theta$이다. 이것은 공식이지만 여러 삼각함수가 포함된 적분을 풀다 보면 자주 접하는 식이므로 유도하는 연습을 하는 것이 더 효율적이다.

실력 Up

문제3 $f(x)=\int \frac{\sin^2 x}{1-\cos x}dx$에 대해 $f(0)=-1$이면 $f(2\pi)$의 값을 구하여라.

풀이 $f(x)=\int \frac{\sin^2 x}{1-\cos x}dx$

$$=\int \frac{1-\cos^2 x}{1-\cos x}dx$$

$$=\int \frac{(1+\cos x)(1-\cos x)}{1-\cos x}dx$$

$$=\int (1+\cos x)\,dx=x+\sin x+C$$

$f(0)=0+\sin 0+C=-1$에서 $C=-1$이다.

이에 따라 $f(2\pi)=2\pi+\sin 2\pi-1=2\pi-1$

답 $2\pi-1$

문제4 $2\int \tan x\,dx+\int \sin x\,dx$를 구하여라.

풀이 $2\int \tan x\,dx+\int \sin x\,dx=2\ln|\sec x|-\cos x+C$

$$=2\ln\left|\frac{1}{\cos x}\right|-\cos x+C$$

$$=-2\ln|\cos x|-\cos x+C$$

답 $-2\ln|\cos x|-\cos x+C$

문제 5 $f(\theta)=\int \frac{1}{1+\tan^2\theta}\,d\theta+\int \frac{1}{1+\cot^2\theta}\,d\theta$일 때

$f(2)-f(1)$을 구하여라.

풀이 $f(\theta)=\int \frac{1}{1+\tan^2\theta}\,d\theta+\int \frac{1}{1+\cot^2\theta}\,d\theta$

$$=\int \frac{1}{\sec^2\theta}\,d\theta+\int \frac{1}{\csc^2\theta}\,d\theta$$

$$=\int \cos^2\theta\,d\theta+\int \sin^2\theta\,d\theta$$

$$=\int \underbrace{(\sin^2\theta+\cos^2\theta)}_{=1}\,d\theta$$

$$=\theta+C$$

$f(\theta)=\theta+C$이므로 $f(2)=2+C$, $f(1)=1+C$이다.

따라서 $f(2)-f(1)=1$

답 1

지수함수와 로그함수의 부정적분 공식

(1) $\int a^x dx = \frac{a^x}{\ln a} + C \ (a > 0)$

(2) $\int e^x dx = e^x + C$

(3) $\int \frac{1}{x} dx = \ln|x| + C$

(1)의 증명

좌변의 $\int a^x dx$을 미분하면 ax가 된다. 그리고 우변을 미분하면

$$\frac{a^x \ln a \cdot \ln a - a^x(\ln a)'}{(\ln a)^2} = \frac{a^x(\ln a)^2 - a^x \cdot 0}{(\ln a)^2} = a^x$$

여기서 $\ln a$를 미분하면 0이 되는 것에 주의한다. a는 상수이기에 $\ln a$를 미분하면 $\frac{1}{a}$이 아니라 0이다.

좌변과 우변이 같으므로 $\int a^x dx = \frac{a^x}{\ln a} + C$

(2)의 증명

좌변을 미분하면 e^x, 우변도 미분하면 e^x이므로 $\int e^x dx = e^x + C$

e^x는 미분하면 그대로이고 적분하면 적분상수 C가 더해지는 것 외에는 변화가 없다.

(3)의 증명

좌변을 미분하면 $\frac{1}{x}$, 우변도 미분하면 $\frac{1}{x}$이 되므로 성립한다.

실력 Up

문제 1 $\int 7^{x}dx$를 구하여라.

풀이 $\int 7^{x}dx=\frac{7^{x}}{\ln 7}+C$

답 $\frac{7^{x}}{\ln 7}+C$

문제 2 $\int (e^{x}+9)\,dx$를 구하여라.

풀이 $\int (e^{x}+9)\,dx=\int e^{x}dx+\int 9\,dx=e^{x}+9x+C$

답 $e^{x}+9x+C$

문제 3 $\int \left(-\frac{3}{x}\right)dx$를 구하여라.

풀이 $\int \left(-\frac{3}{x}\right)dx=-3\int \frac{1}{x}\,dx$

$=-3\ln|x|+C$

답 $-3\ln|x|+C$

부정적분과 극값에 관한 관계는 피적분함수와 원시함수의 관계를 알면 문제가 해결된다. $f(x)$와 $f'(x)$ 그래프가 있으면 분석하면서 문제를 풀어야 편리하며, 증감표를 작성한다면 더 정확한 풀이가 된다. 다음 그래프를 보자.

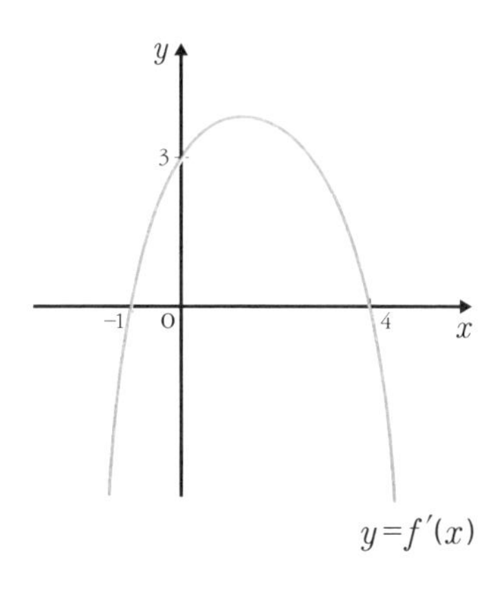

여기서 알 수 있는 것은 피적분함수 $f'(x)$가 포물선 형태를 가지며, 두 점 $(-1, 0)$과 $(4, 0)$이 극값인 극댓값과 극솟값을 가진다는 것이다. 그리고 점 $(0, 3)$을 지나는 것도 알 수 있다. 따라서 $f'(x)=a(x+1)(x-4)$이며, 점 $(0, 3)$을 지나므로,

$$3=a(0+1)(0-4) \quad \therefore a=-\frac{3}{4}$$

$f'(x)=-\frac{3}{4}(x+1)(x-4)$이 된다.

$$f(x)=\int -\frac{3}{4}(x+1)(x-4)\,dx$$

$$=\int \left(-\frac{3}{4}x^2+\frac{9}{4}x+3\right)dx$$

$$=-\frac{1}{4}x^3+\frac{9}{8}x^2+3x+C$$ 이다.

앞서 이야기한 바 있지만 이 경우 적분상수를 꼭 써주어야 한다. 참고로 함수 $f(x)$는 다항함수이며 삼차함수이므로 $x=-1$에서 극솟값을, $x=4$에서 극댓값을 가진다.

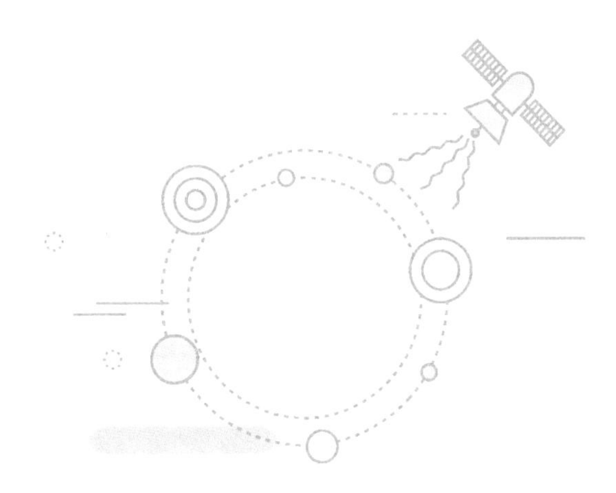

실력 Up

문제 1 $f(x)=x^2-3x+2$를 도함수로 가지는 함수의 극댓값과 극솟값의 차를 구하여라.

풀이 $f(x)$가 도함수이므로 원시함수 $F(x)$는

$\frac{1}{3}x^3-\frac{3}{2}x^2+2x+C$가 된다.

$f(x)=x^2-3x+2=0$에서 $x=1$일 때 극댓값을, $x=2$일 때 극솟값을 가진다.

$$
\begin{aligned}
F(1)-F(2) &= \frac{1}{3}\cdot 1^3-\frac{3}{2}\cdot 1^2+2\cdot 1+C \\
&\qquad -\left(\frac{1}{3}\cdot 2^3-\frac{3}{2}\cdot 2^2+2\cdot 2+C\right) \\
&= \frac{1}{3}-\frac{3}{2}+2+C-\frac{8}{3}+6-4-C \\
&= \frac{1}{6}
\end{aligned}
$$

답 $\frac{1}{6}$

문제 2 $f'(x)=x^2+7x+6$일 때 $f(x)$의 극댓값과 극솟값의 차를 구하여라.

풀이 $f'(x)=x^2+7x+6$이면 $f(x)=\frac{1}{3}x^3+\frac{7}{2}x^2+6x+C$이다.

$f'(x)=x^2+7x+6=0$에서 극댓값은 $x=-6$일 때, 극솟값은 $x=-1$일 때 가진다.

$$f(-6)-f(-1)=\frac{1}{3}(-6)^3+\frac{7}{2}(-6)^2+6(-6)+C$$
$$-\left(\frac{1}{3}(-1)^3+\frac{7}{2}(-1)^2+6(-1)+C\right)$$
$$=-72+126-36+C-\left(-\frac{1}{3}+\frac{7}{2}-6+C\right)$$
$$=18+\frac{17}{6}$$
$$=\frac{125}{6}$$

답 $\frac{125}{6}$

3 실수 전체에서 정의된 연속함수 $f(x)$가 다음의 세 가지 조건을 만족한다.

$$\begin{cases} x<-1\text{일 때 } f'(x)=1 \\ -1<x<2\text{일 때 } f'(x)=3x \\ x>2\text{일 때 } f'(x)=-2 \end{cases}$$

$f(0)=0$일 때 $f(x)$를 구하고 그래프를 그려보아라.

풀이

$$\begin{cases} x<-1\text{일 때 } f'(x)=1 & \cdots ① \\ -1<x<2\text{일 때 } f'(x)=3x & \cdots ② \\ x>2\text{일 때 } f'(x)=-2 & \cdots ③ \end{cases}$$

을 그래프로 그려보자.

실력 Up

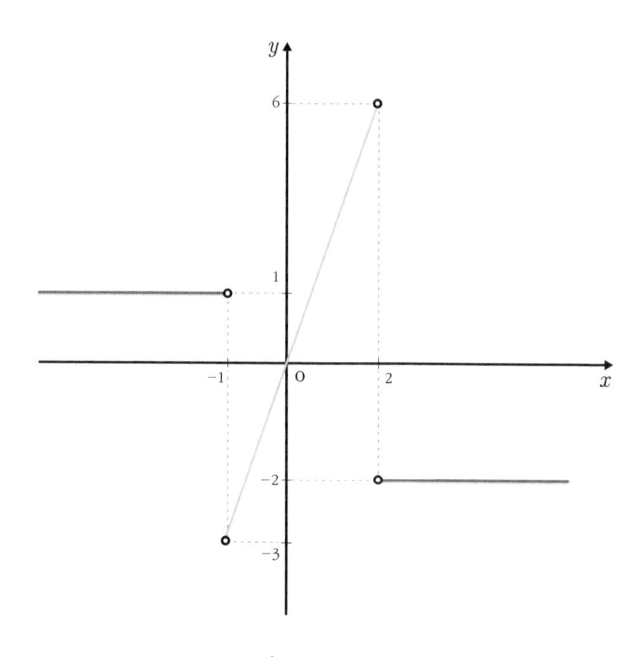

$y=f'(x)$ 그래프

세 가지 조건식을 적분함수로 나타내면,

$$
\begin{cases}
x<-1\text{일 때 } f(x)=x+C_1 & \cdots① \\
-1<x<2\text{일 때 } f(x)=\dfrac{3}{2}x^2+C_2 & \cdots② \\
x>2\text{일 때 } f(x)=-2x+C_3 & \cdots③
\end{cases}
$$

$f(0)=0$이므로 ②의 식에 대입하면 $C_2=0$이다. 그리고 $f'(x)$는 불연속함수인 것이 그래프를 통해 나타나지만 $f(x)$는 연속함수이므로,

$\lim_{x\to-1-0} x+C_1=\lim_{x\to-1+0}\frac{3}{2}x^2$은 $-1+C_1=\frac{3}{2}$에서 $C_1=\frac{5}{2}$.

$x=2$에 대해 $\lim_{x\to2-0}\frac{3}{2}x^2=\lim_{x\to2+0} -2x+C_3$이어야 하므로

$C_3=10$.

세 가지 조건식은 적분상수가 정해져서 다음과 같이 나타낸다.

$$\begin{cases} x\le-1\text{일 때 } f(x)=x+\frac{5}{2} & \cdots① \\ -1\le x\le 2\text{일 때 } f(x)=\frac{3}{2}x^2 & \cdots② \\ x\ge 2\text{일 때 } f(x)=-2x+10 & \cdots③ \end{cases}$$

그래프는 다음과 같다.

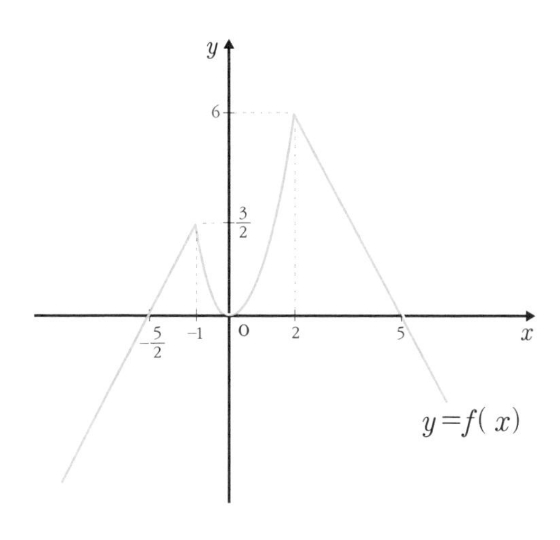

4 $f(x)=5(x^2-3x+2)dx$의 극댓값이 2일 때 극솟값을 구하여라.

풀이 극값을 구하려면 피적분함수 $x^2-3x+2=0$이 되는 x값을 찾으면 된다. 인수분해하면 $(x-1)(x-2)=0$이므로 $x=1$ 또는 2이다. 증감표를 작성하면 다음과 같다.

x	$-\infty$	$\cdots$	1	$\cdots$	2	$\cdots$	∞
$f'(x)$		+	0	−	0	+	
$f(x)$	$-\infty$	↗	$\frac{5}{6}+C$	↘	$\frac{2}{3}+C$	↗	∞

그래프를 간략하게 그리면 다음과 같다.

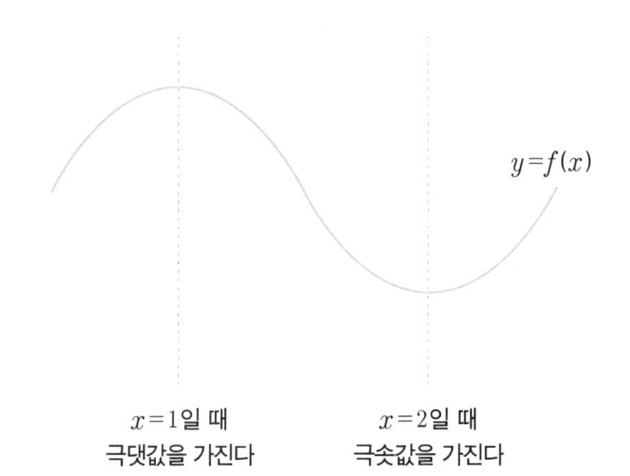

$$f(x)=\frac{1}{3}x^3-\frac{3}{2}x^2+2x+C$$ 이고,

$f(1)=\frac{1}{3}\cdot 1^3-\frac{3}{2}\cdot 1^2+2\cdot 1+C=\frac{5}{6}+C=2 \quad \therefore C=\frac{7}{6}$

$f(2)=\frac{1}{3}\cdot 2^3-\frac{3}{2}\cdot 2^2+2\cdot 2+C=\frac{2}{3}+C=\frac{2}{3}+\frac{7}{6}=\frac{11}{6}$

극솟값은 $x=2$일 때 $\frac{11}{6}$이다.

답 $\frac{11}{6}$

5 $\int(f(x)-3)dx=\frac{1}{12}x^4-x^2+x+C$가 성립하는 다항함수가 있다. 이때 $x=\alpha$에서 극댓값을, $x=\beta$에서 극솟값을 가진다. $\alpha+\beta$의 값을 구하여라.

풀이 $\int\left(f(x)-3\right)dx=\frac{1}{12}x^4-x^2+x+C$

양변을 미분하면

$f(x)-3=\frac{1}{3}x^3-2x+1$

이항하여 정리하면

$f(x)=\frac{1}{3}x^3-2x+4$

$f'(x)=x^2-2=0$에서 $x=-\sqrt{2}$ 또는 $\sqrt{2}$이다.

증감표를 작성하면 다음과 같다.

x	$-\infty$	$\cdots$	$-\sqrt{2}$	$\cdots$	$\sqrt{2}$	$\cdots$	∞
$f'(x)$		$+$	0	$-$	0	$+$	
$f(x)$	$-\infty$	$\nearrow$	$\frac{4}{3}\sqrt{2}+4$	$\searrow$	$-\frac{4}{3}\sqrt{2}+4$	$\nearrow$	∞

그래프로 그리면,

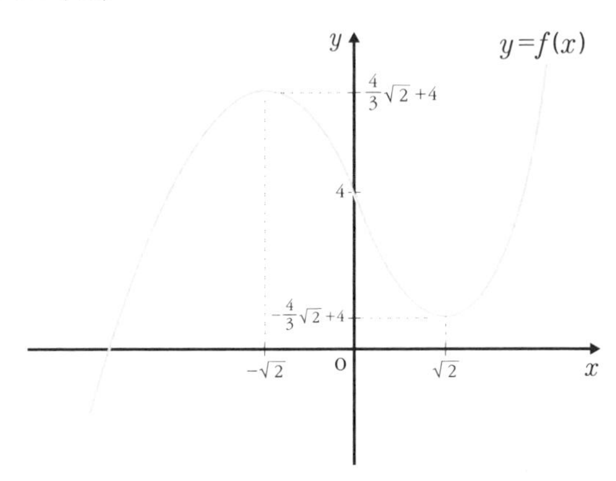

$x=-\sqrt{2}$에서 극댓값을, $x=\sqrt{2}$에서 극솟값을 가진다는 것을 알 수 있다.

$\alpha=-\sqrt{2}$, $\beta=\sqrt{2}$이므로 $\alpha+\beta=0$

정답 0

6 원점에 대칭인 삼차함수 $y=f(x)$는 $x=1$에서 극값을 갖는다. 이때 $y=f(x)$ 그래프와 x축의 교점인 좌표를 구하여라.

풀이 모든 삼차함수가 원점에 대칭인 것은 아니지만 원점에 대칭인 삼차함수로 주어지면 $x=1$일 때 극값을 갖는다면 또 다른 극값은 $x=-1$일 때이다. 따라서 그래프는 다음의 두 가지 경우로 생각할 수 있다.

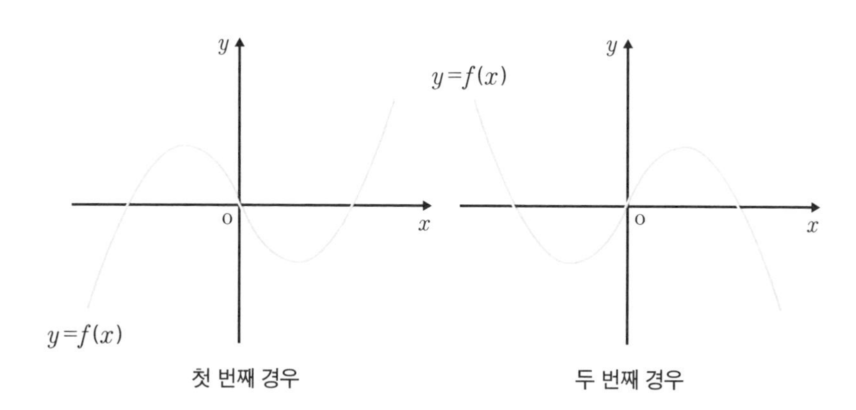

$f'(x)=a(x-1)(x+1)$로 놓으면 $a>0$일 때 첫 번째 경우이고, $a<0$일 때 두 번째 경우이다.

$f'(x)=a(x-1)(x+1)=0$을 풀면 $x=-1$ 또는 1이다.

$f(x)=\frac{1}{3}ax^3-ax+C$이며 원점을 지나므로 $C=0$이 된다. 따라서 $f(x)=\frac{1}{3}ax^3-ax$이다. $y=f(x)$ 그래프와 x축의 교점은 $f(x)=0$으로 놓고 풀면 구할 수 있다.

이를 풀면 $f(x)=\frac{1}{3}ax(x^2-3)=0$, $x=-\sqrt{3}$ 또는 0 또는 $\sqrt{3}$이다. 그래프를 그리면,

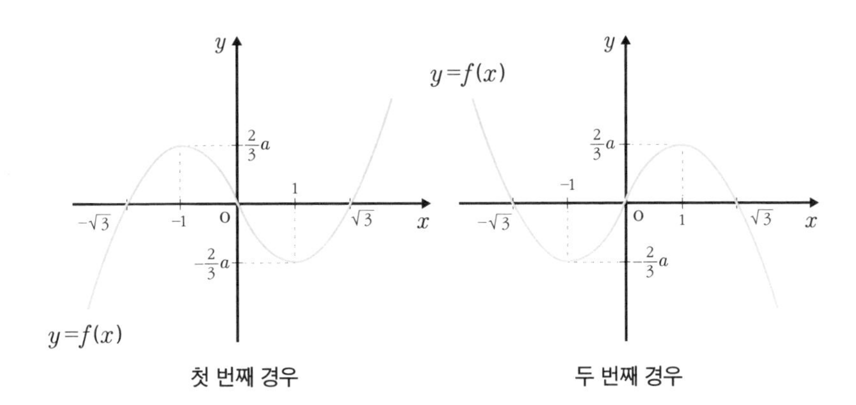

첫 번째 경우　　　　　두 번째 경우

첫 번째, 두 번째 모두 $y=f(x)$ 그래프와 x축의 교점은 $(-\sqrt{3}\,,0), (\sqrt{3}\,,0)$이다.

답 $(-\sqrt{3}\,,0), (\sqrt{3}\,,0)$

부정적분과 두 개 이상의 다항함수는 합이나 곱이 몇 차인지 알 수 있는 경우가 있다. 또 다항함수의 미분과 적분을 통해 다항함수를 구할 수도 있다.

그렇다면 $f(x)$와 $g(x)$가 주어지지 않고, $\frac{d}{dx}\left\{f(x)+g(x)\right\}=10$, $\frac{d}{dx}\left\{f(x)\cdot g(x)\right\}=42x+23$인 것을 알고 $f(0)=3, g(0)=2$이면 $f(x), g(x)$를 구할 수 있을까?

먼저 생각해볼 수 있는 것은 $\frac{d}{dx}\left\{f(x)+g(x)\right\}=10$

양변을 적분하면

$$f(x)+g(x)=10x+C_1 \quad \cdots①$$

계속해서 $\frac{d}{dx}\left\{f(x)\cdot g(x)\right\}=42x+23$

양변을 적분하면

$$f(x)\cdot g(x)=21x^2+23x+C_2 \quad \cdots②$$

$f(0)=3,\ g(0)=2$를 ①의 식에 대입하면

$$f(0)+g(0)=10\cdot 0+C_1=5 \quad \therefore C_1=5 \quad \cdots③$$

$f(0)=3,\ g(0)=2$을 ②의 식에 대입하면

$$f(0)\cdot g(0)=21\cdot 0^2+23\cdot 0+C_2=6 \quad \therefore C_2=6 \quad \cdots④$$

③을 ①의 식에, ④를 ②의 식에 대입하면 $f(x)$와 $g(x)$에 합과 곱의 관계가 나타난다. 계속해서 ②의 식을 인수분해한다.

$f(x)+g(x)=10x+5$ …①

$f(x)\cdot g(x)=21x^2+23x+6=(3x+2)(7x+3)$ …②

②의 식에서 두 다항식의 곱은 $(3x+2)(7x+3)$이므로 $f(x)$와 $g(x)$를 $7x+3$, $3x+2$로 생각할 수 있으며, $f(0)=3$이므로 $f(x)=7x+3$, $g(x)=3x+2$가 되면 성립한다. 따라서 ①의 식도 성립함을 알 수 있다.

또 다른 예를 들어보자. $\{f(x)\cdot g(x)\}'=3x^2+6x+1$이고, $f(0)=1$, $g(0)=3$이면 $f(x)$와 $g(x)$를 구할 수 있을까? 이 조건은 다항식 합의 조건이 없다.

$\{f(x)\cdot g(x)\}'=3x^2+6x+1$

양변을 적분하면

$f(x)\cdot g(x)=x^3+3x^2+x+C$ …①

$f(0)=1$, $g(0)=3$을 ①의 식에 대입하면

$f(0)\cdot g(0)=0^3+3\cdot 0^2+0+C=3$, $C=3$ …②

②의 식에서 $C=3$을 ①의 식에 대입하고 인수분해하면

$f(x)\cdot g(x)=x^3+3x^2+x+3=(x^2+1)(x+3)$ …①

$f(x)\cdot g(x)=(x^2+1)(x+3)$이므로 이차식×일차식으로 이루어져 있다. $f(0)=1$이므로 $f(x)=x^2+1$, $g(x)=x+3$이다.

치환적분법

치환적분법은 변수 x를 다른 변수로 바꾸어 적분하는 방법이다.

$$\int f(x)\,dx=\int f(\,g(\,t))\,g'(\,t)\,dt \text{ (단, } x=g'(\,t))$$

다음 문제를 풀어보자.

$\int(2x-1)^4dx$를 풀어보자. 치환적분법으로 푼다면 $2x-1=t$로 놓는다. 여기서 양변을 미분하면 $\frac{dt}{dx}=2$이다. 이에 따라 $dx=\frac{dt}{2}$로 할 수 있다.

$$\begin{aligned}\int(2x-1)^4dx&=\int t^4\cdot\frac{dt}{2}\\&=\frac{1}{2}\int t^4\,dt\\&=\frac{1}{10}\,t^5+C\\&=\frac{1}{10}\,(2x-1)^5+C\end{aligned}$$

계속해서 $\int(x^2+2x+2)^5(x+1)\,dx$를 풀어보자.

$x^2+2x+2=t$로 놓으면 $\frac{dt}{dx}=2x+2$이다.

이는 $dx=\frac{dt}{2x+2}$로 할 수 있다.

$$\int (x^2+2x+2)^5 (x+1)\, dx = \int t^5 (x+1) \cdot \frac{dt}{2x+2}$$
$$= \int t^5 (x+1) \cdot \frac{dt}{2(x+1)}$$
$$= \frac{1}{2} \int t^5 dt$$
$$= \frac{1}{12} t^6 + C$$
$$= \frac{1}{12} (x^2+2x+2)^6 + C$$

이번에는 $\int (x^2-1)\sqrt{x^3-3x}\, dx$를 풀어보자.

제곱근 안의 $x^3-3x=t$로 하면 $\frac{dt}{dx}=3x^2-3$이다.

이는 $dx=\frac{dt}{3x^2-3}$로 할 수 있다.

$$\int (x^2-1)\sqrt{x^3-3x}\, dx = \int (x^2-1) \cdot \sqrt{t} \cdot \frac{dt}{3x^2-3}$$
$$= \int (x^2-1) \cdot \sqrt{t} \cdot \frac{dt}{3(x^2-1)}$$
$$= \frac{1}{3} \int \sqrt{t}\, dt$$
$$= \frac{1}{3} \int t^{\frac{1}{2}} dt$$
$$= \frac{1}{3} \times \frac{2}{3} t^{\frac{3}{2}} + C$$

$$=\frac{2}{9}t^{\frac{3}{2}}+C$$

$$=\frac{2}{9}\sqrt{(x^3-3x)^3}+C$$

계속해서 $\int \sin(2x-1)\,dx$를 풀어보자.

$2x-1=t$로 놓으면 $\frac{dt}{dx}=2$이며 $dx=\frac{dt}{2}$로 할 수 있다.

$$\int \sin(2x-1)\,dx=\int \sin t\cdot\frac{dt}{2}$$

$$=\frac{1}{2}\int \sin t\,dt$$

$$=-\frac{1}{2}\cos t+C$$

$$=-\frac{1}{2}\cos(2x-1)+C$$

1 $\int e^{-3x+1}dx$를 구하여라.

풀이 $-3x+1=t$로 놓으면 $\frac{dt}{dx}=-3$으로, $dx=-\frac{dt}{3}$로 할 수 있다.

$$\int e^{-3x+1}dx=\int e^{t}\cdot\left(-\frac{dt}{3}\right)$$

$$=-\frac{1}{3}e^{t}+C$$

$$=-\frac{1}{3}e^{-3x+1}+C$$

답 $-\frac{1}{3}e^{-3x+1}+C$

2 $\int 3x(x^2+1)^3dx$를 구하여라.

풀이 $x^2+1=t$로 놓으면 $\frac{dt}{dx}=2x$이다.

이는 $dx=\frac{dt}{2x}$가 된다.

$$\int 3x(x^2+1)^3dx=\int 3x\cdot t^3\cdot\frac{dt}{2x}$$

$$=\frac{3}{2}\int t^3dt$$

$$=\frac{3}{8}t^4+C$$

$$=\frac{3}{8}(x^2+1)^4+C$$

답 $\frac{3}{8}(x^2+1)^4+C$

3 $\int \tan x\, dx$를 구하여라.

|풀이| $\int \tan x = \int \frac{\sin x}{\cos x} dx$이다.

여기서 $\cos x = t$로 놓으면 $\frac{dt}{dx} = -\sin x$이며 $dx = -\frac{dt}{\sin x}$로

바꿀 수 있다.

$$
\begin{aligned}
\int \tan x &= \int \frac{\sin x}{\cos x} dx \\
&= \int \frac{\sin x}{t} \cdot \left(-\frac{dt}{\sin x}\right) \\
&= -\int \frac{1}{t} dt \\
&= -\ln|t| + C \\
&= -\ln|\cos x| + C \\
&= \ln|\sec x| + C
\end{aligned}
$$

이 문제는 치환적분법을 이용해 $\tan x$를 적분한 것을 증명하는 문제이다. 꼭 기억해야 할 공식이기도 하다.

답 $\ln|\sec x| + C$

4 $\int \frac{e^x}{e^x-2}\,dx$를 구하여라.

풀이 $e^x-2=t$로 놓으면 $\frac{dt}{dx}=e^x$이며 $dx=\frac{dt}{e^x}$가 된다.

$$\int \frac{e^x}{e^x-2}\,dx=\int \frac{e^x}{t}\cdot\frac{dt}{e^x}$$

$$=\ln|t|+C$$

$$=\ln|e^x-2|+C$$

답 $\ln|e^x-2|+C$

여기까지 알았다면 구의 겉넓이는 $4\pi r^2$인데 구의 부피는 $\frac{4}{3}\pi r^3$인 것은 구의 겉넓이를 적분하여 구의 부피가 되기 때문임을 이해했을 것이다. 적분상수 C가 0이 되는 것은 정적분과 넓이를 통해 차차 알게 된다.

정적분

평면도형의 넓이 또는 입체도형의 부피를 구하는 것을 구분구적법이라 한다. 구분구적법은 넓이의 합을 S_n, 부피의 합을 V_n으로 한 뒤 극한^limit^을 붙여서 $\lim_{n \to \infty} S_n$ 또는 $\lim_{n \to \infty} V_n$을 구한다. 구분구적법에서는 여러 개의 막대 그래프 모양으로 나누어 평면도형을 구하고, 입체도형은 여러 개의 원기둥 모양으로 나누어 구한다.

여러분은 초등학교 6학년 때 원의 넓이는 반지름×반지름×3.14로, 중학교 1학년 때는 πr^2으로 배웠을 것이다. 지금부터 이를 증명해 보려고 한다.

원의 넓이를 구분구적법으로 증명하기 위해 다음과 같이 정사각형, 정육각형, 정팔각형으로 변의 개수를 늘려서 그려보았다.

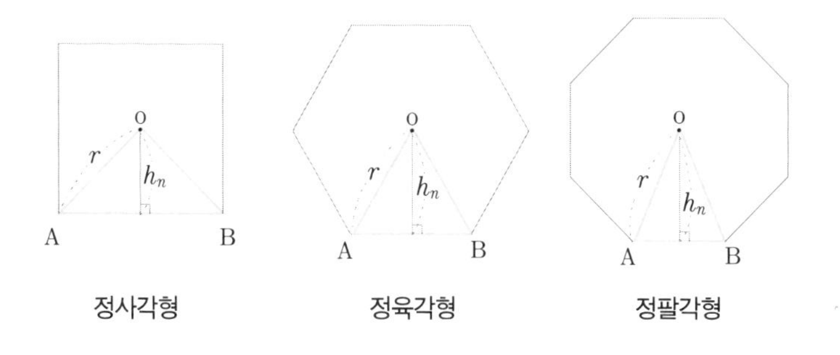

- $\overline{\mathrm{AB}}$의 길이가 점점 짧아진다.
- 삼각형 OAB의 높이인 h_n이 점점 길어지면서 r에 가까워진다

원 안의 정사각형은 원의 넓이를 구하기에는 원과 너무 많은 차이가 있다. 다시 정육각형을 그려보면 정사각형보다는 원의 넓이에 가깝다는 것을 알 수 있다. 정팔각형은 정사각형과 정육각형보다 원의 넓이에 더 가깝다. 이렇게 계속 변의 개수를 늘릴수록 정다각형은 원에 가까워진다.

좀 더 자세히 살펴보자. 가장 먼저 $\overline{\mathrm{AB}}$의 길이가 점점 짧아지는 것을 알 수 있다. 그리고 높이가 점점 길어진다. 즉 변의 개수가 늘어날수록 높이 h_n은 r과 가까워진다.

원의 넓이 S_n = 삼각형 OAB의 넓이 $\times n = \frac{1}{2}\overline{\mathrm{AB}} \times h_n \times n$

정 n각형의 둘레 $\overline{\mathrm{AB}} \times n$을 l_n으로 하면

$$= \frac{1}{2} h_n \cdot l_n$$

극한 limit 을 붙이면

$$\lim_{n \to \infty} \frac{1}{2} l_n h_n = \lim_{n \to \infty} \frac{1}{2} \cdot 2\pi r \cdot r = \pi r^2$$

이번에는 구분구적법으로 원의 넓이를 구해보자. 사실 이 방법은 초등학교 6학년 때 원의 넓이를 구하기 위해 썼던 구분구적법이다. 물론 초등학교 6학년 때는 구분구적법이라는 단어를 사용하지 않았지만 적분에서는 구분구적법으로 부른다.

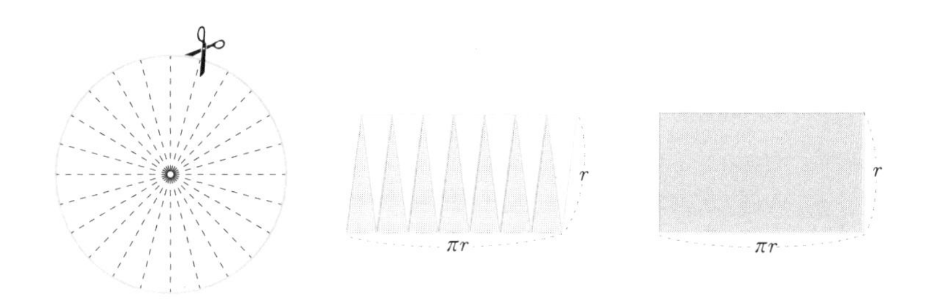

가위로 부채꼴을 하나씩 잘라서 엇갈리게 붙인다

원을 여러 개의 부채꼴로 나누어 가위로 오려서 엇갈리게 붙인다. 원주는 $2\pi r$이기 때문에 가운데 그림처럼 반씩 나누어서 πr로 한다. 그 결과 가운데 그림처럼 직사각형 모양에 가깝게 되는데 이때 위와 아래의 가로의 길이의 합이 $2\pi r$이 되는 것이다. 이에 따라 마지막 그림처럼 가로의 길이×세로의 길이로 원의 넓이를 구하면 πr^2이 된다.

원의 넓이를 증명할 때 원을 위의 그림보다 더 많이 나누어서 무수히 많은 부채꼴을 그려도 상관은 없다. 무수한 부채꼴로 나누어질수록 세 번째 그림은 직사각형에 더 가까운 모양이 된다.

다음으로 $y=x^3$과 x축과 $x=1$로 둘러싸인 도형의 넓이를 구분구적법으로 구하는 방법을 알아보자.

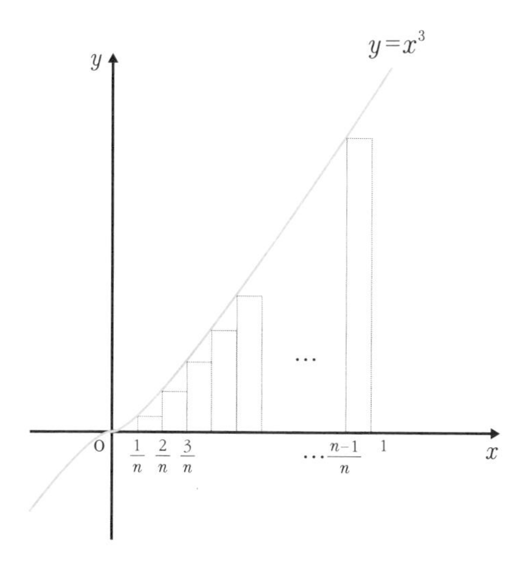

첫 번째 경우

가장 먼저 첫 번째 경우를 생각해보자. 이 경우는 $y=x^3$ 아래에서 직사각형이 n등분되어 나누어진다. 직사각형의 넓이의 합은 $y=x^3$의 넓이보다 작다. 그래프와 직사각형 사이에는 직각삼각형 모양의 틈이 생기기 때문이다. x좌표가 0과 $\frac{1}{n}$ 사이의 직사각형은 나타나지 않으므로 n등분해도 직사각형의 개수는 $(n-1)$개가 된다.

이때 $(n-1)$개의 직사각형은 모두 가로의 길이가 $\frac{1}{n}$로 같다. 하지만 세로의 길이는 각각의 함수식에 따라 다른데, 제일 왼쪽에 있는 직사각형은 점 $\left(\frac{1}{n}, \left(\frac{1}{n}\right)^3\right)$, 두 번째 직사각형은 점 $\left(\frac{2}{n}, \left(\frac{2}{n}\right)^3\right)$,

…, 점 $\left(\frac{n-1}{n}, \left(\frac{n-1}{n}\right)^3\right)$으로 나타내면 y좌표가 세로의 길이가 된다.

따라서 직사각형의 넓이의 합을 S_1으로 하면

$$S_1=\frac{1}{n}\cdot\left(\frac{1}{n}\right)^3+\frac{1}{n}\cdot\left(\frac{2}{n}\right)^3+\cdots+\frac{1}{n}\cdot\left(\frac{n-1}{n}\right)^3$$

$$=\frac{1}{n^4}\{1^3+2^3+\cdots+(n-1)^3\}$$

$$=\frac{1}{n^4}\cdot\left\{\frac{n(n-1)}{2}\right\}^2$$

$$=\frac{1}{n^4}\cdot\frac{n^2\cdot(n^2-2n+1)}{4}$$

$$=\frac{1}{4}\left(1-\frac{2}{n}+\frac{1}{n^2}\right)$$

$$=\frac{1}{4}\cdot\left(1-\frac{1}{n}\right)^2$$

여기서 **Check Point**

자연수의 거듭제곱의 합에 관한 공식은 적분을 증명하는 데 자주 쓰이는 공식이다.

(1) $1+2+3+\cdots+n=\dfrac{n(n+1)}{2}$

(2) $1^2+2^2+3^2+\cdots n^2=\dfrac{n(n+1)(2n+1)}{6}$

(3) $1^3+2^3+3^3+\cdots+n^3=\left\{\dfrac{n(n+1)}{2}\right\}^2$

위의 세 가지 공식은 수열에서 중요한 공식이며 적분에도 자주 나오기 때문에 꼭 기억하는 것이 좋다. 앞의 구분구적법에서는 세 번째 공식이 쓰였다.

계속해서 소개할 두 번째 방법은 직사각형을 $y=x^3$보다 크게 그려서 더하는 방법이다.

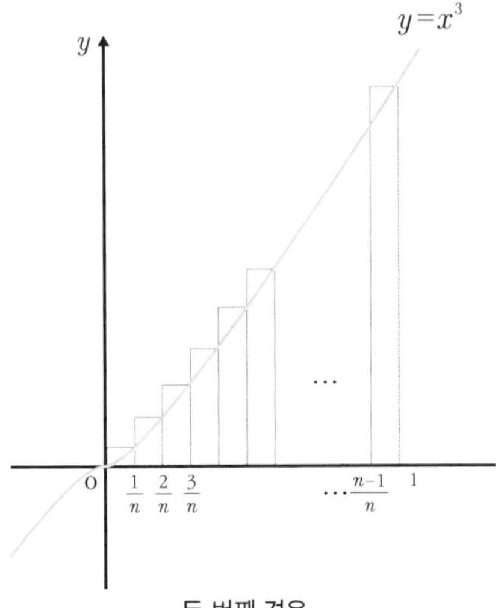

두 번째 경우

$y=x^3$의 그래프보다 위로 조금씩 넓이가 크지만, 가로의 길이는 첫 번째의 경우처럼 $\frac{1}{n}$로 동일하다. 세로의 길이는 $y=x^3$에 따라 쓰면 된다.

직사각형의 넓이의 합을 S_2로 하면

$$S_2=\frac{1}{n}\cdot\left(\frac{1}{n}\right)^3+\frac{1}{n}\cdot\left(\frac{2}{n}\right)^3+\cdots+\frac{1}{n}\cdot\left(\frac{n}{n}\right)^3$$

$$=\frac{1}{n^4}(1^3+2^3+\cdots+n^3)$$

$$=\frac{1}{n^4}\cdot\left\{\frac{n(n+1)}{2}\right\}^2$$

$$=\frac{1}{n^4}\cdot\frac{n^2\cdot(n^2+2n+1)}{4}$$

$$=\frac{1}{4}\left(1+\frac{1}{n}\right)^2$$

S_1, S_2가 정해지고 $y=x^3$의 그래프를 S로 하면,

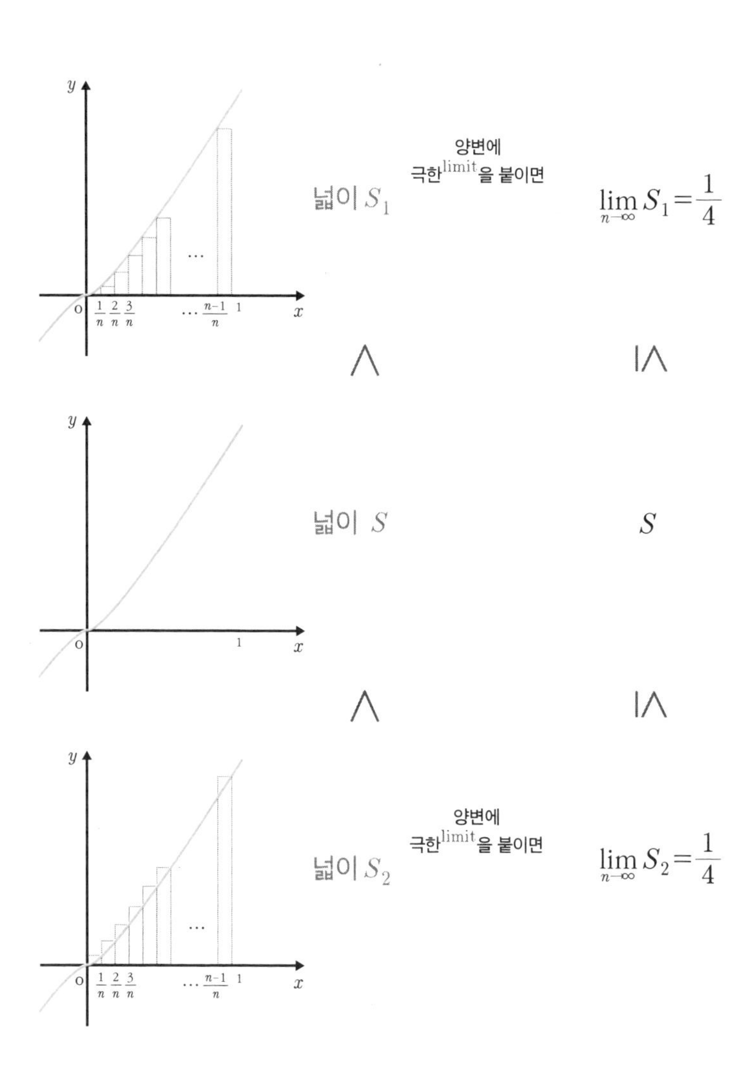

$$\lim_{n\to\infty} S_1 = \lim_{n\to\infty} \frac{1}{4} \cdot \left(1 - \frac{1}{n}\right)^2 = \frac{1}{4},$$

$$\lim_{n\to\infty} S_2 = \lim_{n\to\infty} \frac{1}{4} \cdot \left(1 + \frac{1}{n}\right)^2 = \frac{1}{4}$$ 이므로,

$S_1 \le S \le S_2$ → $\frac{1}{4} \le S \le \frac{1}{4}$는 $S = \frac{1}{4}$이 된다.

계속해서 구의 부피를 구분구적법으로 구해보자.

구의 반지름을 r로 했을 때 구의 지름부터 끝부분까지 n등분하면 $\frac{r}{n}$이 된다.

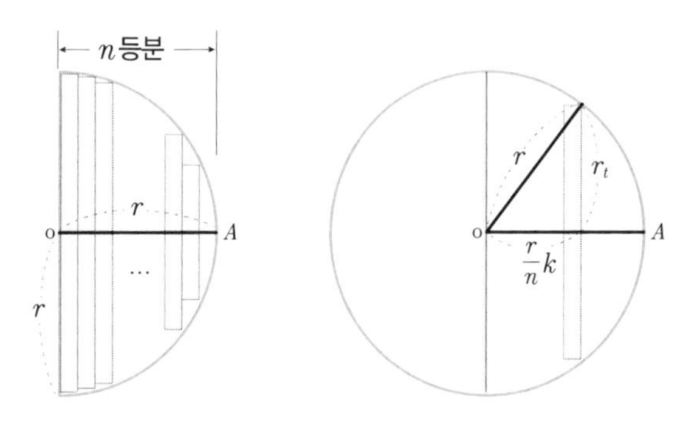

위에서 왼쪽 그림을 보면 직사각형 n개가 큰 순부터 작은 순으로 점점 크기가 작아지면서 나열되어 있는 것처럼 보인다. 왼쪽 맨 앞의 가장 큰 직사각형을 보자.

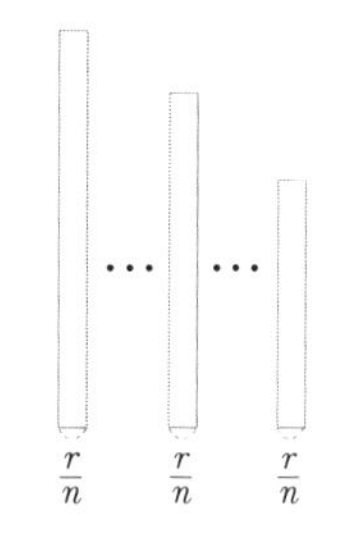

반지름 r을 n등분하였으므로 $\frac{r}{n}$로 일정하다.

직사각형은 점점 작아지지만 가로의 길이는 항상 같다. 여기서 문제되는 것은 세로의 길이이다. 왜냐하면 지금으로선 그 크기를 구할 수 있는 방법을 모르기 때문이다. 그래서 이를 고민한 수학자들은 원의 호의 길이에 있는 점이 이동하면서 세로의 길이를 정할 수 있는 방법을 생각해냈다. 물론 자로 잴 수도 있겠지만 수학적으로 증명하기 위해서 원의 호의 움직이는 점을 생각해낸 것이다. 자로 잰다면 직사각형이 수없이 잘게 나누어질 때 식으로 풀 수 있는 방법이 없다.

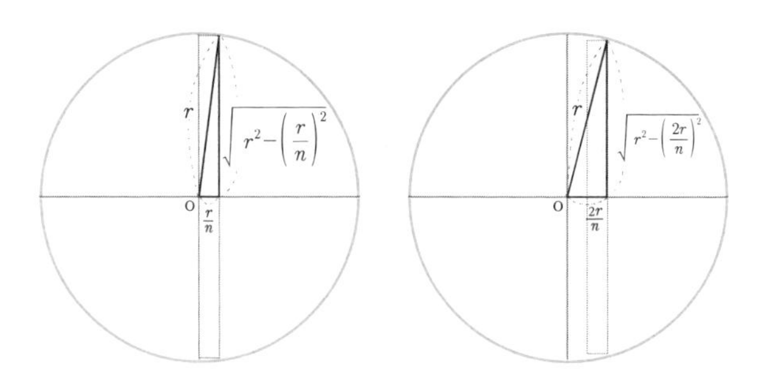

피타고라스의 정리에 의해 세로의 길이를 구한다.

왼쪽 그림에서 가로의 길이는 $\frac{r}{n}$ 이지만 직각삼각형으로 생각한다면 밑변의 길이도 $\frac{r}{n}$ 이며, 높이는 피타고라스의 정리에 의해 $\sqrt{r^2-\left(\frac{r}{n}\right)^2}$ 이 된다. 직사각형의 세로의 길이는 직각삼각형의 높이로 생각해도 된다. 오른쪽 그림에도 피타고라스의 정리를 적용하면 밑변의 길이는 $\frac{2r}{n}$ 이다. 왼쪽 그림보다 $\frac{r}{n}$ 만큼 이동한 것이므로 $\frac{r}{n}+\frac{r}{n}=\frac{2r}{n}$ 이 된다. 높이는 피타고라스의 정리에 의해 $\sqrt{r^2-\left(\frac{2r}{n}\right)^2}$ 이다.

이렇게 계속 직사각형이 오른쪽으로 가면 맨 마지막에는 $\sqrt{r^2-\left(\frac{(n-1)r}{n}\right)^2}$ 이 된다.

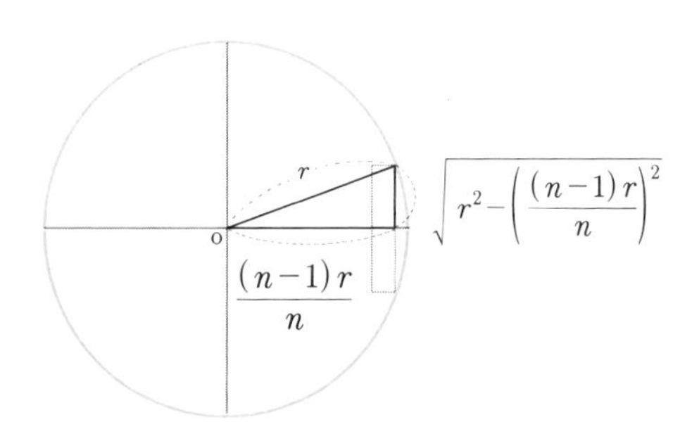

이제까지 구한 직사각형의 세로의 길이이자 직각삼각형의 높이는 원기둥의 반지름이 된다. 구는 여러 개의 원기둥의 합으로 나타낼 수 있다.

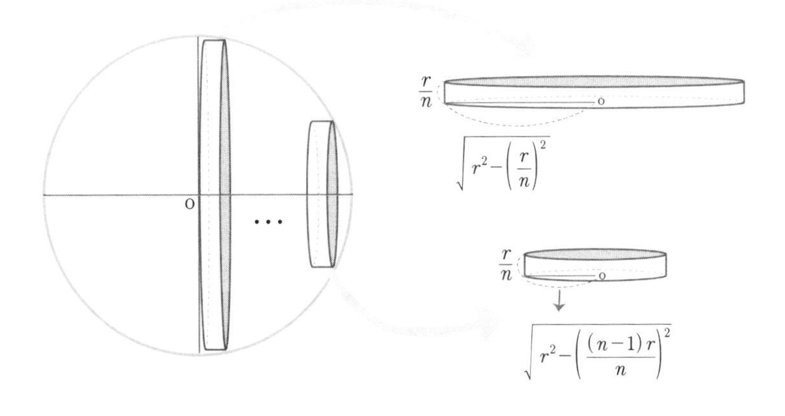

$$V_n = 2\left[\pi\left\{r^2 - \left(\frac{r}{n}\right)^2\right\}\frac{r}{n} + \pi\left\{r^2 - \left(\frac{2r}{n}\right)^2\right\}\frac{r}{n} + \cdots \right.$$

$$\left. + \pi\left\{r^2 - \left(\frac{n-1}{n}\cdot r\right)^2\right\}\frac{r}{n}\right]$$

$$= 2\pi r^3\left[\left\{1 - \left(\frac{1}{n}\right)^2\right\}\frac{1}{n} + \left\{1 - \left(\frac{2}{n}\right)^2\right\}\frac{1}{n} + \cdots \right.$$

$$\left. + \left\{1 - \left(\frac{n-1}{n}\right)^2\right\}\frac{1}{n}\right]$$

$$= 2\pi r^3\left\{\frac{n-1}{n} - \frac{1}{n^3} \cdot \frac{1}{6}(n-1)n(2n-1)\right\}$$

극한^{limit}을 붙이면

$$\lim_{n\to\infty} V_n = 2\pi r^3\left(1 - \frac{2}{6}\right) = \frac{4}{3}\pi r^3$$

이번에는 원뿔의 부피를 구분구분적법으로 구해보자. 밑면의 반지름 길이를 r, 높이를 h로 한다.

다음 그림과 같이 원뿔의 높이를 n등분하고, 각 분점을 지나 밑면에 평행한 평면으로 원뿔을 자른다. 이때, 단면의 반지름의 길이는 위에서부터 $\frac{r}{n}$, $\frac{2r}{n}$, $\frac{3r}{n}$, $\cdots$, $\frac{(n-1)r}{n}$이고, 높이는 모두 $\frac{h}{n}$이다.

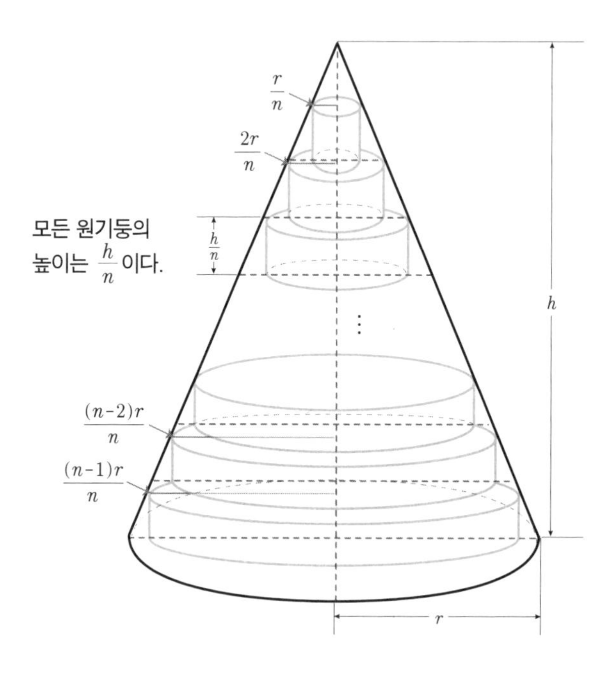

따라서 각 단면을 밑면으로 하고, $\frac{h}{n}$를 높이로 하는 $(n-1)$개의 원기둥의 부피의 합을 V_n으로 하면,

$$V_n = \pi\left(\frac{r}{n}\right)^2\frac{h}{n} + \pi\left(\frac{2r}{n}\right)^2\frac{h}{n} + \pi\left(\frac{3r}{n}\right)^2\frac{h}{n} + \cdots + \pi\left\{\frac{(n-1)r}{n}\right\}^2\frac{h}{n}$$

$$= \frac{\pi r^2 h}{n^3}\left\{1^2 + 2^2 + 3^2 + \cdots + (n-1)^2\right\}$$

$$= \frac{\pi r^2 h}{n^3} \cdot \frac{(n-1)n(2n-1)}{6}$$

$$= \frac{\pi r^2 h}{6} \times \frac{n-1}{n} \times \frac{2n-1}{n}$$

$$= \frac{\pi r^2 h}{6}\left(1 - \frac{1}{n}\right)\left(2 - \frac{1}{n}\right)$$

따라서 구하는 부피 V는,

$$V = \lim_{n\to\infty} V_n = \lim_{n\to\infty}\frac{\pi r^2 h}{6}\left(1 - \frac{1}{n}\right)\left(2 - \frac{1}{n}\right) = \frac{\pi r^2 h}{3} = \frac{1}{3}Sh$$

이에 따라 원뿔의 부피는 밑면의 넓이에 높이를 곱한 후 3으로 나눈 것이 된다. 이로써 모든 원뿔의 부피는 원기둥의 부피의 $\frac{1}{3}$ 임이 증명된다.

정적분이란?

함수 $y=f(x)$가 구간 $[a, b]$에서 연속일 때 $\int_a^b f(x)\,dx = \lim_{n\to\infty}\sum_{k=1}^{n} f(x_k)\Delta x$이다. 이때 조건이 하나 붙는데 $\Delta x = \frac{b-a}{n}$,

$xk=a-k\Delta x$ 또는 $a+k\Delta wx$이며, 이를 나타낸 것이 정적분이다. 이때 정적분의 a를 아래끝, b를 위끝이라 부른다.

약간은 복잡한 무한급수의 식에 대한 이해력을 높이기 위해 이것을 증명해보려고 한다.

이 증명이 조금 어렵게 느껴진다면 임의로 선호하는 함수의 그래프를 그리면 된다. 지수함수나 로그함수로 그려도 좋고 차수가 이차 이상의 어떠한 그래프를 그려도 좋다. 여러 그래프로도 증명은 가능하다.

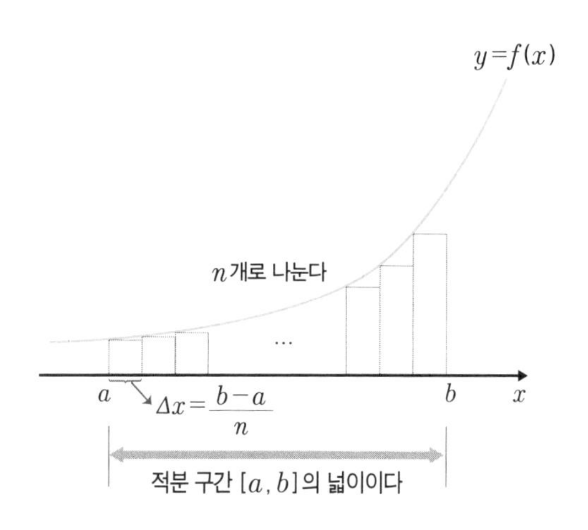

앞의 그래프는 지수함수의 그래프라고 생각해도 무관하다. 정적분을 증명할 때 보통 단조증가함수를 많이 그리는 편이다. 직사각형의 가로의 길이는 구간 a에서 b까지이므로 구체적인 숫자로 정해져 있지 않다. 다만 차이가 $b-a$인 것을 알 수 있다. n등분을 했으므로 직사각형을 균등하게 분할했을 때 가로의 길이는 $\frac{b-a}{n}$

이며, n등분을 무한대로 늘리면 매우 작은 도막이 되므로 Δx로 나타낸다.

세로의 길이는 함숫값 $f(x)$에 따라 변하므로 하나씩 천천히 생각해보면 된다.

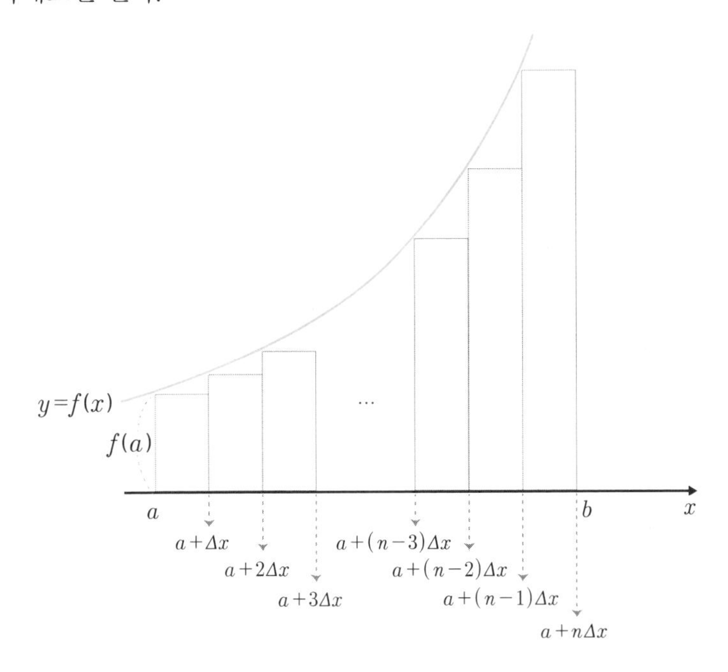

직사각형의 왼쪽에 진하게 칠해진 선이 높이를 나타낸다. 맨 왼쪽의 직사각형은 가로의 길이가 Δx이고, 높이가 $f(a)$이다. 두 번째 직사각형은 가로의 길이가 Δx, 높이가 $f(a+\Delta x)$이다. 세 번째 직사각형은 가로의 길이가 Δx, 높이가 $f(a+2\Delta x)$이다. 이렇게 계속 하면 오른쪽의 마지막 직사각형은 가로의 길이가 Δx, 높이가 $f(a+(n-1)\,\Delta x)$가 된다.

$$\int_a^b f(x)\,dx = \Delta x \cdot \left\{ f(a) + f(a+\Delta x) + \cdots + f(a+(n-1)\,\Delta x) \right\}$$

$f(a)$를 x_1, $f(a+\Delta x)$를 x_2, $\cdots$, $f(a+(n-1)\,\Delta x)$를 x_n으로 하면

$$= \Delta x \left\{ f(x_1) + f(x_2) + \cdots f(x_n) \right\}$$

무한급수의 형태로 나타내면

$$= \lim_{n \to \infty} \sum_{k=1}^{n} \Delta x f(x_k)$$

곱의 위치를 바꾸어주면

$$= \lim_{n \to \infty} \sum_{k=1}^{n} f(x_k)\,\Delta x$$

따라서 식을 보면 높이×가로의 길이로 되어 있어서 어렵게 생각될 때도 있지만 곱의 순서만 바꾸어준 것에 불과한 식이다.

정적분과 부정적분의 관계

정적분과 부정적분의 관계는 두 가지가 있다.

(1) $\dfrac{d}{dx}\displaystyle\int_a^x f(t)\,dt = f(x)$

(2) $\displaystyle\int f(x) = F(x) + C$로 하면,

$$\int_a^b f(x)\,dx = \left[F(x) \right]_a^b = F(b) - F(a)$$

앞으로 이 두 개의 관계는 공식처럼 기억해야 하는데, 이에 대한 증명을 이해하면 조금 더 기억하기 쉬울 것이다.

$\int_a^x f(t)\,dt$를 $S(x)$로 하고 먼저 그래프에 그린다.

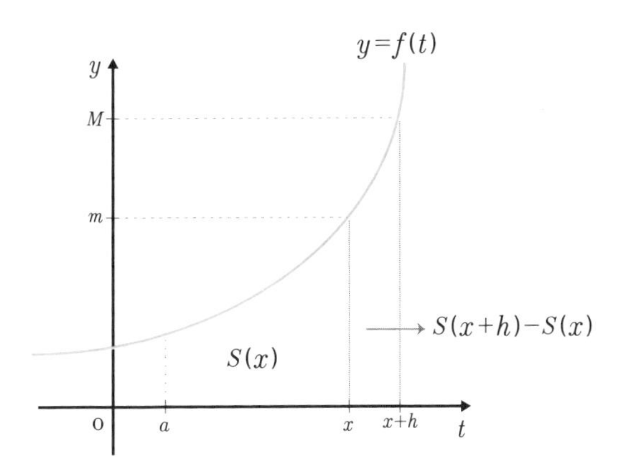

색이 칠해진 부분을 $S(x+h)-S(x)$로 나타내면 범위는 $mh \le S(x+h)-S(x) \le Mh$가 된다. 색칠된 부분은 직사각형의 넓이 중간에 해당하는 것이다.

$$mh \le S(x+h)-S(x) \le Mh$$

부등식을 h로 나누면

$$m \le \frac{S(x+h)-S(x)}{h} \le M$$

m은 $f(x)$, M은 $f(x+h)$, $h \to 0$ 일 때 극한 limit을 붙이면

$$\lim_{h\to0} f(x) \le \lim_{h\to0} \frac{S(x+h)-S(x)}{h} \le \lim_{h\to0} f(x)$$

$$f(x) \le S'(x) \le f(x)$$

$\therefore S'(x)=f(x)$

여기서 $S(x)=F(x)+C$인 것을 알 수 있다.

$\frac{d}{dx}\int_a^x f(t)dt=f(x)=\frac{d}{dx}(F(x)+C)=f(x)$로 증명이 되었다.

의 증명

$\int_a^x f(t)\,dt=F(x)+C$에 x 대신 a를 대입하면,

$\int_a^a f(t)\,dt==F(a)+C=0$이 된다. $C=-F(a)$가 된다.

$\int_a^b f(x)\,dx=F(b)+C=F(b)-F(a)$로 증명이 끝난다.

그리고 $\int_a^b f(x)\,dx=-\int_b^a f(x)\,dx$이다.

$\int_0^1 2x^2dx$를 구해보자.

$$\int_0^1 2x^2dx=\left[\frac{2}{3}x^3\right]_0^1=\left(\frac{2}{3}\cdot 1^3+C\right)-\left(\frac{2}{3}\cdot 0^3+C\right)=\frac{2}{3}$$

$\int_0^1 2x^2dx$를 그래프로 나타내면 다음과 같다.

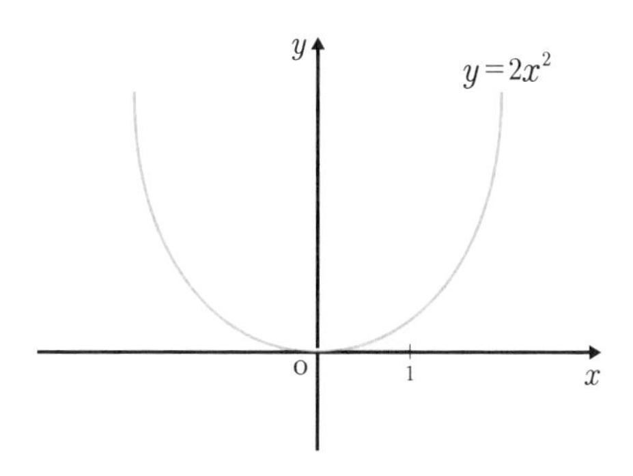

색칠된 부분을 구했더니 $\frac{2}{3}$가 되었다. 적분을 이용해야 구할 수 있는 넓이이다. 그리고 적분계산을 한 후 그래프를 그려서 어느 부분을 구했는지 확인하면 적분에 대한 이해를 한 것이다.

정적분을 계산할 때 적분상수 C는 실제로 수를 대입해 계산하는 데 쓰이지 않고 바로 없어진다. 그러기에 보통 C를 쓰지 않고 식을 계산한다.

계속해서 $\int_1^2 (2x+3)\,dx$를 구해보자.

$$\int_1^2 (2x+3)\,dx = \left[x^2+3x\right]_1^2 = (2^2+3\cdot 2)-(1^2+3\cdot 1)=6$$

그래프를 그리면 다음과 같다.

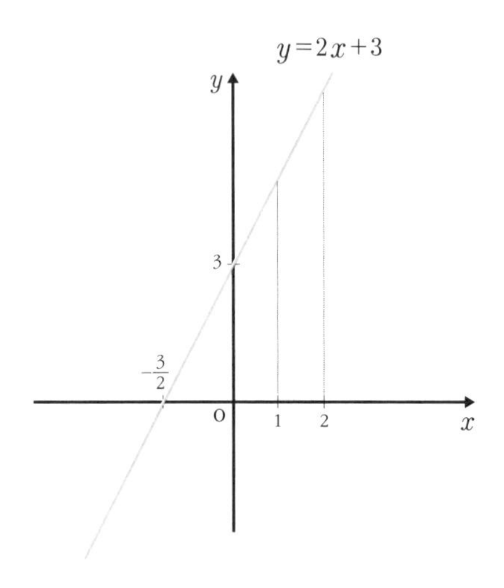

사다리꼴의 넓이를 이용해서 풀어도 되는 문제임을 알 수 있다. 일차식의 정적분은 대개 삼각형 또는 사각형 그림이 많아 도형을 풀기 위한 공식으로도 해결이 되는데, 그 이상의 곡선의 방정식과 관련된 문제는 정적분으로 푸는 것이 더 빠르다.

여기서 **Check Point**

정적분을 구하다 보면 정적분이 음수(−)로 나오는 경우를 종종 볼 수 있다. 그렇다면 넓이를 구한 것과는 어떤 차이가 있을까? 정적분은 적분 구간에 따라 함수의 넓이나 부피를 구했기 때문에 음수가 나올 수 있다. $y=x$의 적분 구간을 −2부터 1까지 하고 살펴보자.

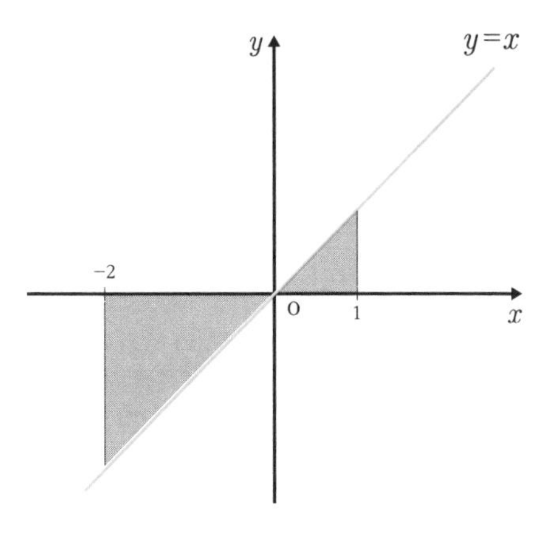

그림처럼 $\int_{-2}^{1} x\,dx=-\frac{3}{2}$이 된다. 왼쪽의 큰 직각삼각형은 정적분을 하면 −2, 오른쪽 작은 직각삼각형은 $\frac{1}{2}$이 되기 때문에 두 개를 더하면 $-\frac{3}{2}$이 된다. 이것은 정적분을 구한 것이다.

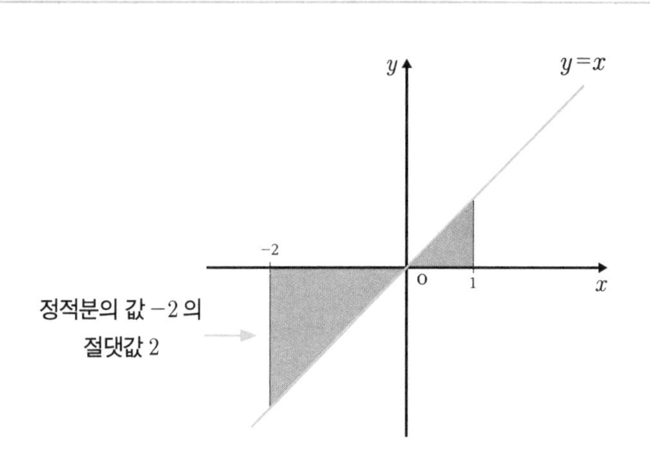

이번에는 왼쪽의 큰 직각삼각형의 절댓값을 구했을 때 2, 오른쪽 작은 직각삼각형은 $\frac{1}{2}$이 되기 때문에 $\frac{5}{2}$이다. 이것은 넓이를 구한 것이다.

넓이는 0보다 크기 때문에 음수(−)가 될 수 없어서 정적분을 해 음수가 나온 부분은 절댓값을 붙이는 것에 주의한다.

따라서 정적분에서 구분구적법의 넓이가 나온 것은 정적분의 양수 부분만을 가정했기 때문이며 정적분이 양수로 나온다면 넓이다. 만약 정적분이 음수로 나왔다면 음의 함수를 따라 적분 구간을 구한 것이므로 음의 함수에 따른 음수의 결과가 나온 것이다.

문제 1 $\int_{-1}^{2}(x^2+6)\,dx$를 구하여라.

풀이 $\int_{-1}^{2}(x^2+6)\,dx=\left[\frac{1}{3}x^3+6x\right]_{-1}^{2}$

$=\left(\frac{1}{3}\cdot 2^3+6\cdot 2\right)-\left(\frac{1}{3}\cdot(-1)^3+6\cdot(-1)\right)$

$=\frac{8}{3}+12+\frac{1}{3}+6=21$

답 21

문제 2 $\int_{0}^{\pi}\sin x\,dx$를 구하여라.

풀이 $\int_{0}^{\pi}\sin x\,dx=\left[-\cos x\right]_{0}^{\pi}$

$=(-\cos\pi)-(-\cos 0)$

$=1+1=2$

그래프를 그리면,

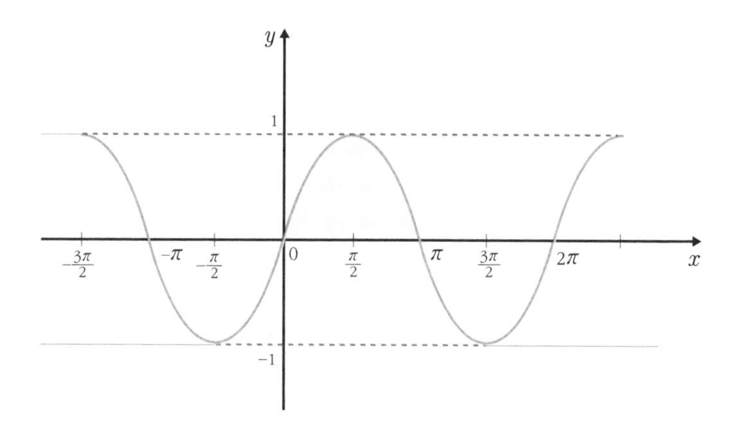

사인함수의 정적분은 색칠한 부분을 구하는 것임을 알 수 있다.

답 2

문제 3 $\int_{\pi}^{\frac{3}{2}\pi} \cos x \, dx$를 구하여라.

풀이 $\int_{\pi}^{\frac{3}{2}\pi} \cos x \, dx = \left[\sin x \right]_{\pi}^{\frac{3}{2}\pi}$

$= \left(\sin \frac{3}{2}\pi \right) - (\sin \pi)$

$= -1 - 0$

$= -1$

그래프를 그리면

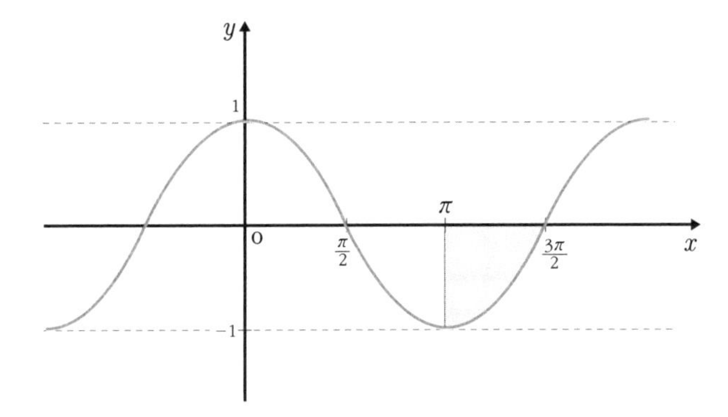

색칠한 부분이 −1임을 알 수 있다.

답 −1

문제 4 $\int_0^1 e^x dx$와 $\int_0^1 (e^x+1)\,dx$의 값을 비교하여라.

풀이 $\int_0^1 e^x dx=\left[e^x\right]_0^1=e^1-e^0=e-1$

$$\int_0^1 (e^x+1)\,dx=\left[e^x+x\right]_0^1$$

$$=(e^1+1)-(e^0+0)=e+1-1-0=e$$

$\therefore \int_0^1 e^x dx=e-1,\ \int_0^1 (e^x+1)\,dx=e$이므로 $\int_0^1 (e^x+1)\,dx$가 더 크다.

$\int_0^1 e^x dx$ 그래프를 그리면

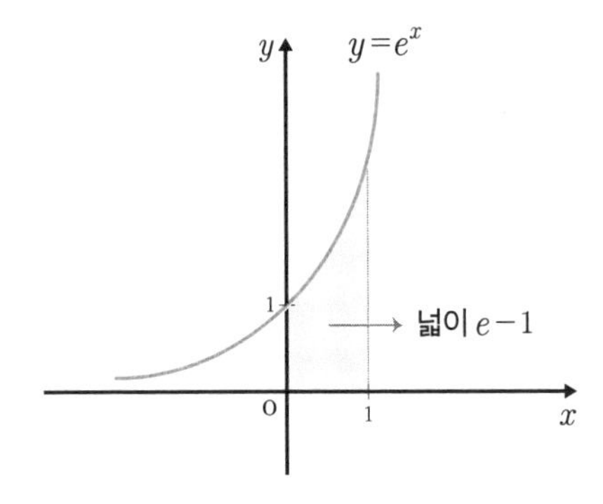

색칠한 부분의 넓이가 $e-1$임을 알 수 있다. e는 자연대수로써 약 2.718이며 무한소수이다. 따라서 $e-1$은 약 1.718이다.

한편 $\int_0^1 (e^x+1)\,dx$의 그래프를 그리면

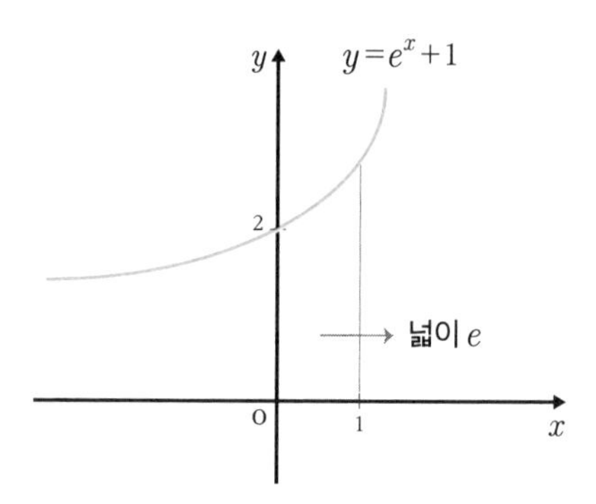

색칠한 부분으로, $e=2.718$이다. 이는 $\int_0^1 e^x dx$보다 더 크다는 것을 알 수 있다.

답 $\int_0^1 e^x dx = e-1$, $\int_0^1 (e^x+1)\,dx = e$이므로 $\int_0^1 (e^x+1)\,dx$가 더 크다.

문제 5 $\int_{\frac{\pi}{6}}^{\frac{\pi}{4}} \tan x\, dx$를 구하여라.

풀이 삼각함수의 부정적분공식에서 설명한 바와 같이 $\int \tan x = \ln|\sec x|$이다. $\ln|\sec x|$를 미분하면 $\tan x$가 되어 증명은 쉽게 되지만 막상 잊기 쉬운 공식이다.

$$\int_{\frac{\pi}{6}}^{\frac{\pi}{4}} \tan x\, dx = \Big[\ln|\sec x|\Big]_{\frac{\pi}{6}}^{\frac{\pi}{4}}$$
$$= \ln\left|\sec\frac{\pi}{4}\right| - \ln\left|\sec\frac{\pi}{6}\right|$$

$$=\ln\left|\frac{1}{\cos\frac{\pi}{4}}\right|-\ln\left|\frac{1}{\cos\frac{\pi}{6}}\right|$$

$$=\ln\sqrt{2}-\ln\frac{2\sqrt{3}}{3}$$

$$=\ln\frac{\sqrt{6}}{2}$$

$$=\frac{1}{2}\ln\frac{3}{2}$$

그래프를 그리면

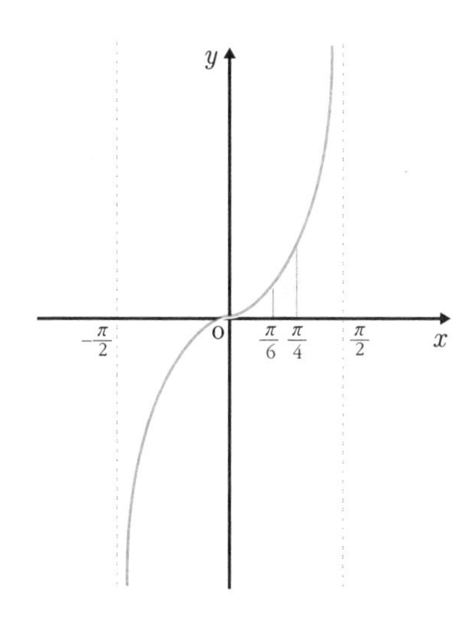

색칠한 부분의 넓이를 구하는 것임을 알 수 있다.

답 $\frac{1}{2}\ln\frac{3}{2}$

만약 $\int_{\frac{\pi}{3}}^{\frac{5\pi}{6}} \tan x\, dx$를 구하라고 한다면 구할 수 있을까?

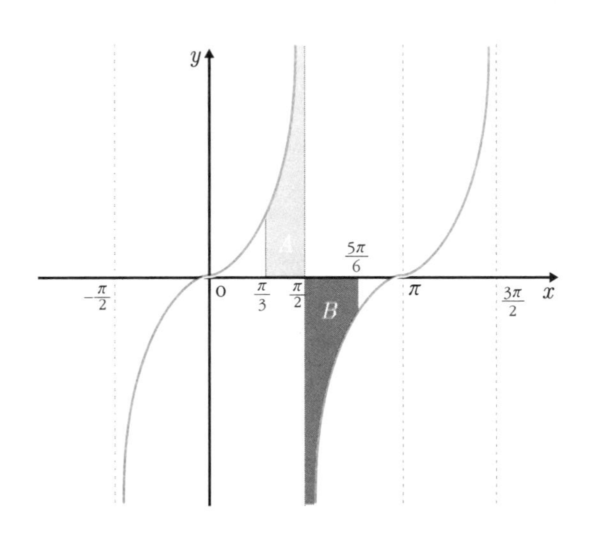

A와 B로 칠해진 부분을 나누어서 생각해보자.

$$A=\int_{\frac{\pi}{3}}^{\frac{\pi}{2}} \tan x\, dx=\Big[\ln|\sec x|\Big]_{\frac{\pi}{3}}^{\frac{\pi}{2}}$$

$$=\ln\left|\sec\frac{\pi}{2}\right|-\ln\left|\sec\frac{\pi}{3}\right|$$

$$=\ln\left|\frac{1}{\cos\frac{\pi}{2}}\right|-\ln\left|\frac{1}{\cos\frac{\pi}{3}}\right|$$

$$=\infty-\ln 2$$

$$=\infty$$

$$B=\int_{\frac{\pi}{2}}^{\frac{5\pi}{6}} \tan x\, dx=\left[\ln|\sec x|\right]_{\frac{\pi}{2}}^{\frac{5\pi}{6}}$$

$$=\ln\left|\sec\frac{5\pi}{6}\right|-\ln\left|\sec\frac{\pi}{2}\right|$$

$$=\ln\left|\frac{1}{\cos\frac{5}{6}\pi}\right|-\ln\left|\frac{1}{\cos\frac{\pi}{2}}\right|$$

$$=\ln\frac{2\sqrt{3}}{3}-\ln\infty$$

$$=-\infty$$

따라서 $A+B=\infty-\infty$로서 값을 결정할 수 없다. 즉 넓이를 구할 수 없다.

정적분의 성질

정적분의 성질은 세 가지가 있다.

임의의 세 실수 a, b, c를 포함하는 구간에서 두 함수 $f(x)$, $g(x)$가 연속이면,

(1) $\int_a^b kf(x)\,dx = k\int_a^b f(x)\,dx$ (단, k는 실수)

(2) $\int_a^b \{f(x) \pm g(x)\}\,dx = \int_a^b f(x)\,dx \pm \int_a^b g(x)\,dx$ (복호동순)

(3) $\int_a^b f(x)\,dx = \int_a^c f(x)\,dx + \int_c^b f(x)\,dx$

우함수와 기함수의 정적분

우함수는 짝함수로 y축에 대칭인 함수이며, 기함수는 홀함수로 원점에 대칭인 함수이다. 이 두 개의 함수가 정적분을 계산할 때 특성을 가진다.

먼저 우함수는 y축에 대칭이므로 $y=x^2$을 선택하여 그래프를 그려보자.

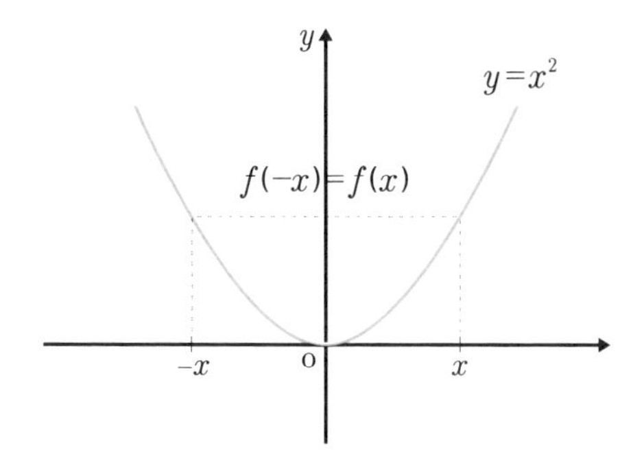

우함수가 그려졌다. 이제 이 우함수의 적분 구간을 정해 x는 $-a$에서 a로 하여 나타내보자.

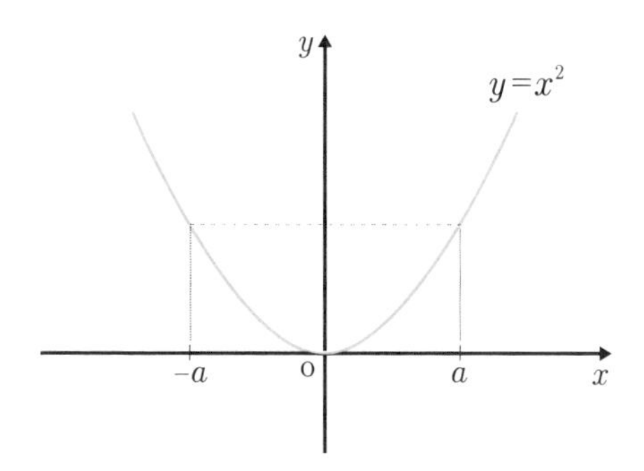

여기서 $\int_{-a}^{a} f(x)\,dx = 2\int_{0}^{a} f(x)\,dx$라는 것을 알 수 있다. y축을 중심으로 왼쪽과 오른쪽의 넓이가 같기 때문이다. 이는 우함수의 고유한 성질이다.

우함수에서 삼각함수의 대표적인 $y=\cos x$의 그래프를 살펴보자.

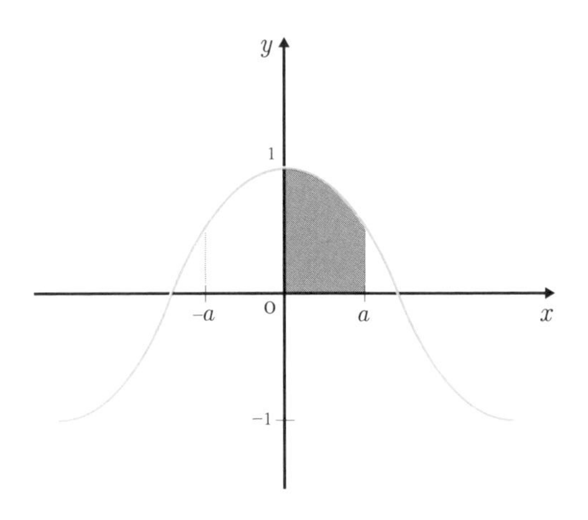

삼각함수 중에서 $\cos x$가 우함수의 성질을 증명하는데 많이 쓰이며 이는 정적분의 성질에서도 마찬가지이다. 왼쪽 도형과 오른쪽 도형의 넓이는 같음을 알 수 있다. 이것도 y축에 대해 대칭이기 때문이다. 따라서 $\int_{-a}^{a} f(x)\,dx = 2\int_{0}^{a} f(x)\,dx$가 성립한다.

기함수는 원점에 대칭인 홀함수를 말한다. $y=x^3$ 그래프를 보자.

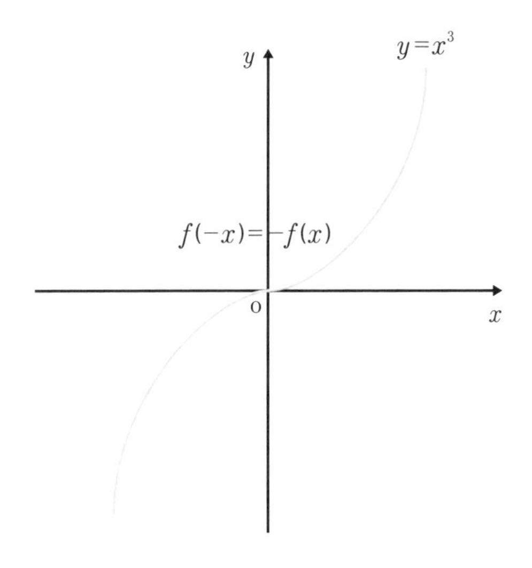

한눈에 기함수의 성질을 파악할 수 있다. 이때 적분 구간을 정해 x를 $-a$에서 a로 하면,

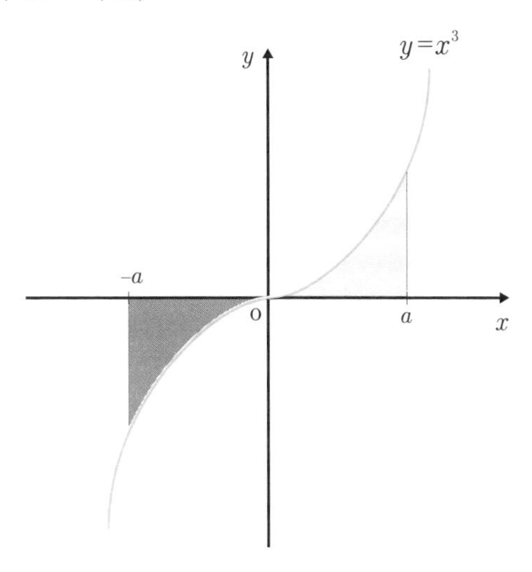

왼쪽과 오른쪽의 넓이는 같으나 서로 더하면 상쇄되어

$\int_{-a}^{a} f(x)\,dx=0$이 된다.

이를 정적분하면,

$\int_{-a}^{a} x^3 dx=\left[\frac{1}{4}x^4\right]_{-a}^{a}=\frac{1}{4}\cdot a^4-\frac{1}{4}\cdot(-a)^4=0$이다.

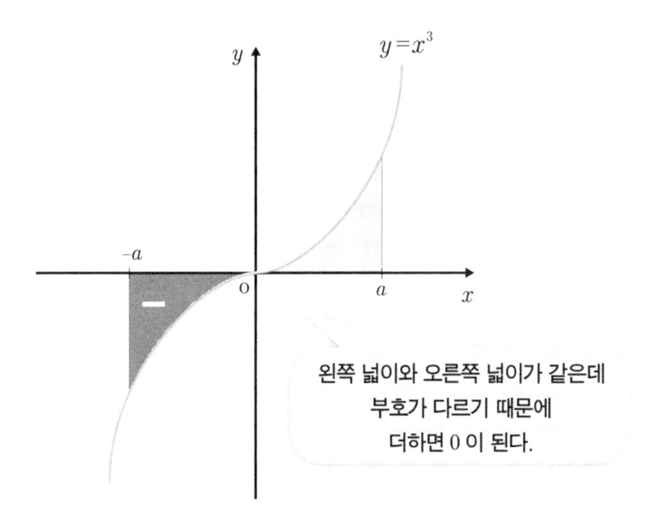

다른 예로 $y=\sin x$를 살펴보자.

$\sin x$는 기함수에서 많이 쓰이는 삼각함수이다.

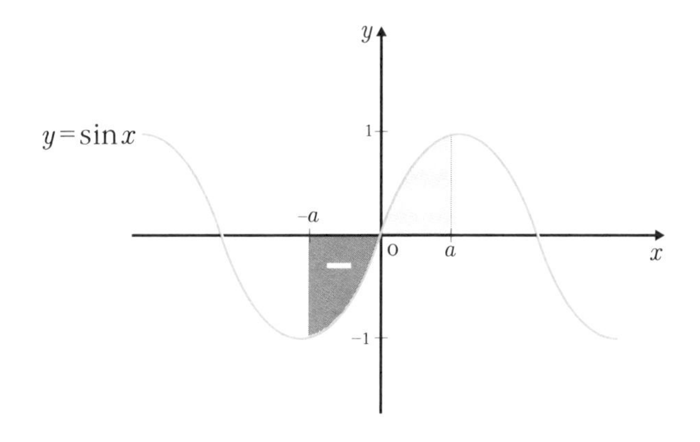

$\sin x$ 그래프도 적분 구간이 $-a$에서 a이면 상쇄되어 0이 된다.

혹시 우함수의 성질과 기함수의 성질을 설명한 이유에 대해 궁금할 수도 있다. 이는 정적분의 계산을 용이하게 하기 위해서이다.

정적분의 계산에서 우함수인 것을 안다면 적분 구간이 $-a$에서 a일 때 $\int_{-a}^{a} f(x)\,dx = 2\int_{0}^{a} f(x)\,dx$임을 바로 이용해 $\int_{-10}^{10} x^6 dx = 2\int_{0}^{10} x^6 dx$로 바꾸어 계산을 하면 된다.

차수가 높을수록 조금 더 빨리 계산이 가능하다. 그리고 이에 관련된 응용문제를 풀 때 해결에 중대한 열쇠가 되기도 한다.

기함수의 성질은 우함수의 성질보다 정적분의 계산을 더 빠르게 해준다. $\int_{-10}^{10} x^7 dx$를 구하려면 주저하지 말고 정적분 계산을 0이라 하면 된다. $\int_{-9}^{9} (x^{11} + x^9 + 12x)\,dx$를 구한다면 이것도 0이 된다. 이 몇 가지 예에서 확인했듯 차수가 높은 함수의 정적분에서는 기함수를 쓰면 시간을 많이 절약할 수 있다.

1 $\int_{-3}^{3}(8x^5+3x^3+7)\,dx$를 구하여라.

풀이

$$\int_{-3}^{3}(8x^5+3x^3+7)\,dx=\int_{-3}^{3}(8x^5+3x^3)\,dx+\int_{-3}^{3}7dx$$

기함수이므로 0이 된다

$$=\int_{-3}^{3}7dx$$

$$=\Big[7x\Big]_{-3}^{3}$$

$$=21-(-21)=42$$

답 42

2 $\int_{-2}^{2}(2x+1)(x-3)\,dx$를 구하여라.

풀이

$$\int_{-2}^{2}(2x+1)(x-3)\,dx=\int_{-2}^{2}(2x^2-5x-3)\,dx$$

$$=\int_{-2}^{2}2x^2dx-\int_{-2}^{2}5x\,dx-\int_{-2}^{2}3\,dx$$

기함수이므로 0이 된다

$$=4\int_{0}^{2}x^2dx-\int_{-2}^{2}3\,dx$$

$$=\left[\frac{4}{3}x^3\right]_{0}^{2}-\Big[3x\Big]_{-2}^{2}$$

$$=\left(\frac{4}{3}\cdot 2^3-\frac{4}{3}\cdot 0^3\right)-(6-(-6))$$

$$=\frac{32}{3}-12$$

$$=-\frac{4}{3}$$

답 $-\frac{4}{3}$

문제 3 $\int_{-\frac{\pi}{6}}^{\frac{\pi}{6}}(\cos x+\sin x)\,dx$를 구하여라.

풀이 $\int_{-\frac{\pi}{6}}^{\frac{\pi}{6}}(\cos x+\sin x)\,dx=\int_{-\frac{\pi}{6}}^{\frac{\pi}{6}}\cos x\,dx+\int_{-\frac{\pi}{6}}^{\frac{\pi}{6}}\sin x\,dx$

기함수이므로 0이 된다

$$=\int_{-\frac{\pi}{6}}^{\frac{\pi}{6}}\cos x\,dx$$

$$=\left[2\sin x\right]_{0}^{\frac{\pi}{6}}$$

$$=\left(2\sin\frac{\pi}{6}\right)-(2\sin 0)$$

$$=1-0=1$$

그래프를 그리려면 삼각함수를 합성한 후 그리면 된다.

$$\int_{-\frac{\pi}{6}}^{\frac{\pi}{6}}(\cos x+\sin x)\,dx=\int_{-\frac{\pi}{6}}^{\frac{\pi}{6}}\sqrt{2}\left(\frac{1}{\sqrt{2}}\cos x+\sin x\frac{1}{\sqrt{2}}\right)dx$$

$$=\int_{-\frac{\pi}{6}}^{\frac{\pi}{6}}\sqrt{2}\left(\sin\left(x+\frac{\pi}{4}\right)\right)dx$$

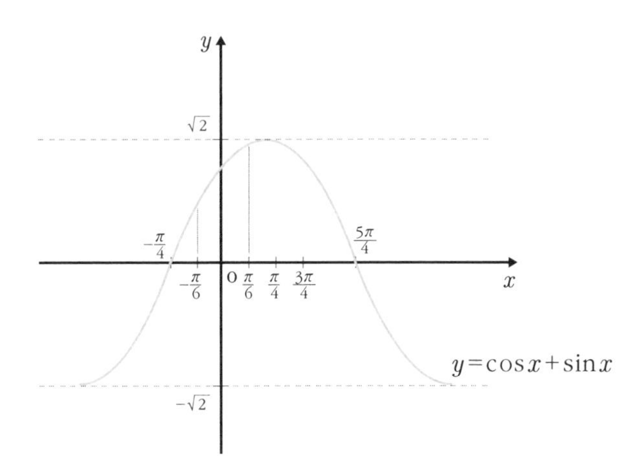

색칠된 부분의 넓이가 1이다.

삼각함수를 합성한 후 그래프를 그린 이유는 조금 더 정확하게 그리기 위해서이다. 만약 $\sin x+\cos x$를 두 개로 나눈 후 x값을 따져가면서 그리면 시간이 많이 걸릴 수 있고 정확하지 않을 수도 있어서 그래프 형태를 그리기가 어렵다. 그러나 삼각함수를 합성하면 이러한 단점이 없다.

E |

4 $\int_{-1}^{1}(e^x+e^{-x})\,dx$를 구하여라.

풀이 $\int_{-1}^{1}(e^x+e^{-x})\,dx=\left[e^x-e^{-x}\right]_{-1}^{1}$

$=(e^1-e^{-1})-(e^{-1}-e^1)$

$$=e-\frac{1}{e}-\frac{1}{e}+e$$

$$=2e-\frac{2}{e}$$

답 $2e-\frac{2}{e}$

e^x+e^{-x}는 e^x 그래프와 e^{-x} 그래프를 더한 것이며,

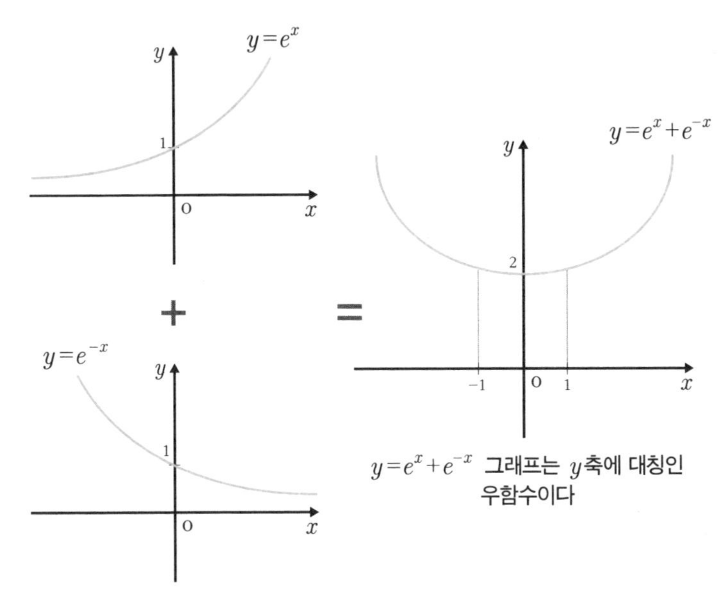

$y=e^x+e^{-x}$ 그래프는 y축에 대칭인 우함수이다

$y=e^x$와 $y=e^{-x}$는 y축에 대칭이다

우함수의 형태가 된다. 또 이차함수와 비슷해 포물선 모양이다. 그리고 이 함수를 2로 나누면 하이퍼볼릭[Hyperbolic] 코사인 함수가 된다.

여기서 **Check Point**

쌍곡선 함수는 3가지가 있는데 이를 식으로 나타내면,

$$\sin hx = \frac{e^{x} - e^{-x}}{2}$$

$$\cos hx = \frac{e^{x} + e^{-x}}{2}$$

$$\tan hx = \frac{\sin hx}{\cos hx} = \frac{e^{x} - e^{-x}}{e^{x} + e^{-x}}$$

가 있으며, $\sin hx$는 하이퍼볼릭 사인엑스, $\cos hx$는 하이퍼볼릭 코사인엑스, $\tan hx$는 하이퍼볼릭 탄젠트엑스로 읽는다. 그래프는 다음과 같다.

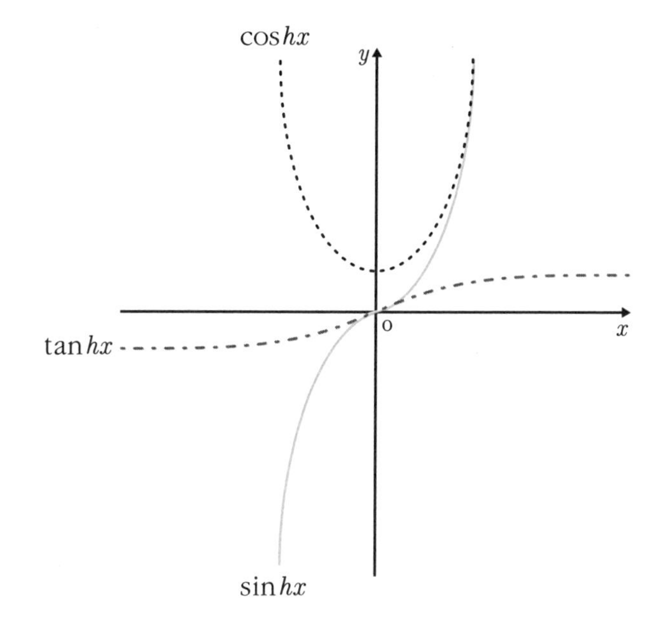

절댓값이 포함된 정적분은 그래프를 그릴 때 주의한다. 그래프를 정확히 그려야 하며 절댓값에 따라 x범위를 나누어서 그리는 것이다.

$y=|x|$의 그래프를 생각해보자. 이 그래프는 V자형이다.

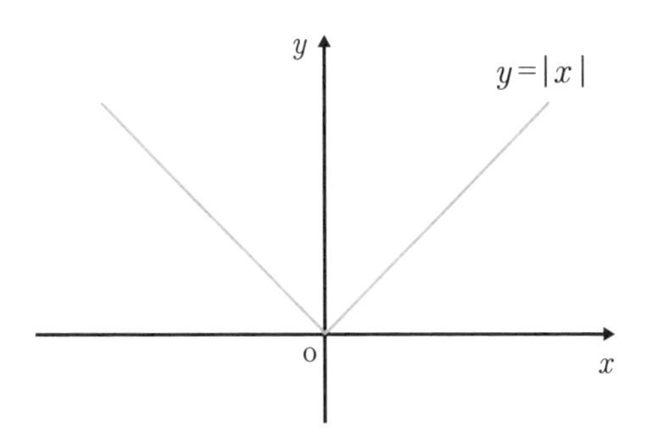

계속해서 그래프를 x축으로 γ만큼 이동했다고 생각하고, $\gamma>0$으로 가정하자.

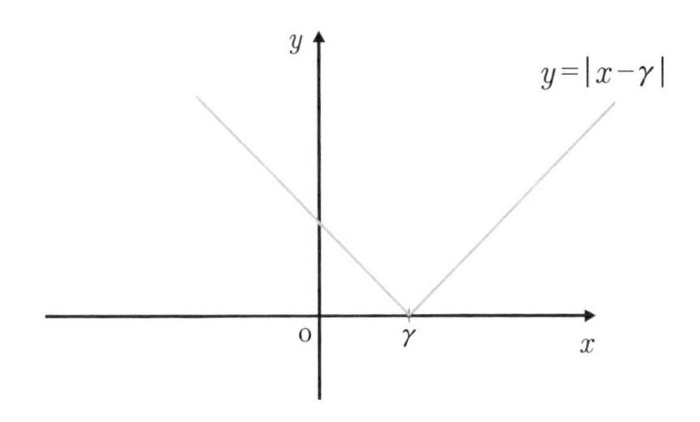

이 경우 분명히 알아두어야 할 함수의 성질이 있다. 절댓값에 따른 그래프의 형태이다.

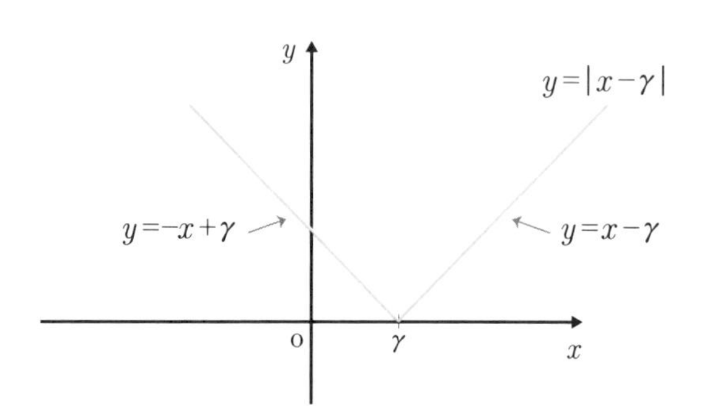

이것은 정적분을 계산하는데 중요하다. $y=|x-\gamma|$에서 $x \geq \gamma$일 때 $y=x-\gamma$, $x<r$일 때 $y=-(x-\gamma)=-x+\gamma$가 된다.

정적분을 구하기 위해 적분 구간을 $[\alpha, \beta]$로 하자.

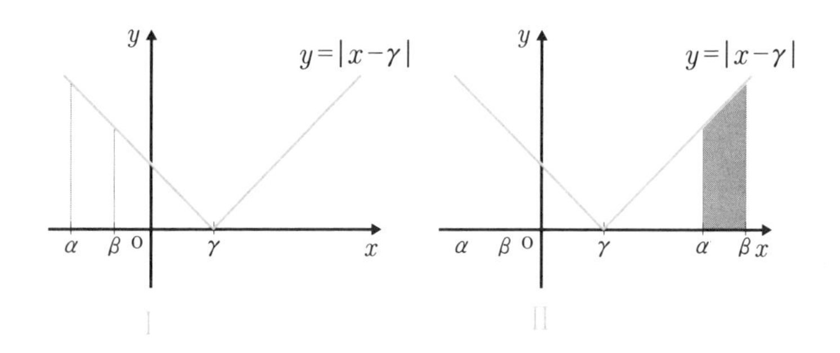

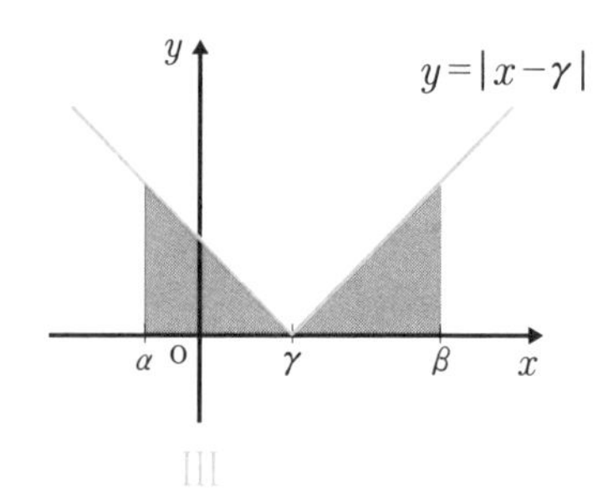

적분 구간에 따라 Ⅰ,Ⅱ,Ⅲ의 세 가지로 나눌 수 있다.

먼저 Ⅰ을 보자.

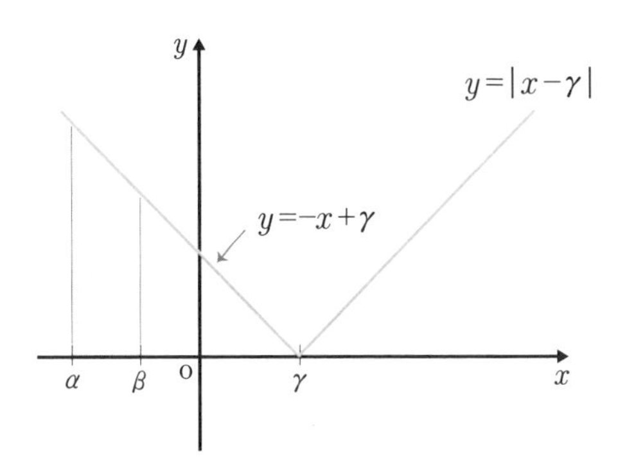

정적분으로 나타내면,

$$\int_{\alpha}^{\beta}|x-\gamma|\,dx=\int_{\alpha}^{\beta}-(x-\gamma)\,dx$$

$$=-\int_{\alpha}^{\beta}(x-\gamma)\,dx$$

$$=-\left[\frac{1}{2}x^2-\gamma x\right]_{\alpha}^{\beta}$$

이번에는 Ⅱ를 보자.

$\alpha<\beta<\gamma$이므로 두 개의 범위로 나누어 계산한다.

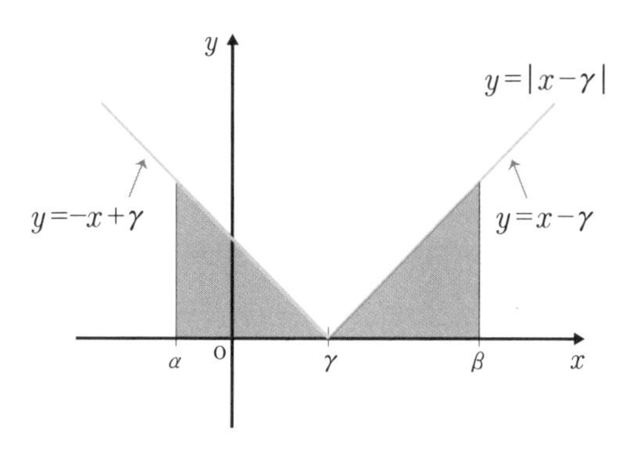

정적분으로 나타내면,

$$\int_{\alpha}^{\beta}|x-r|\,dx=\int_{\alpha}^{\gamma}(-x+r)\,dx+\int_{\gamma}^{\beta}(x-r)\,dx$$

$$=\left[-\frac{1}{2}x^2+\gamma x\right]_{\alpha}^{\gamma}+\left[\frac{1}{2}x^2-\gamma x\right]_{\gamma}^{\beta}$$

마지막으로 Ⅲ을 보자.

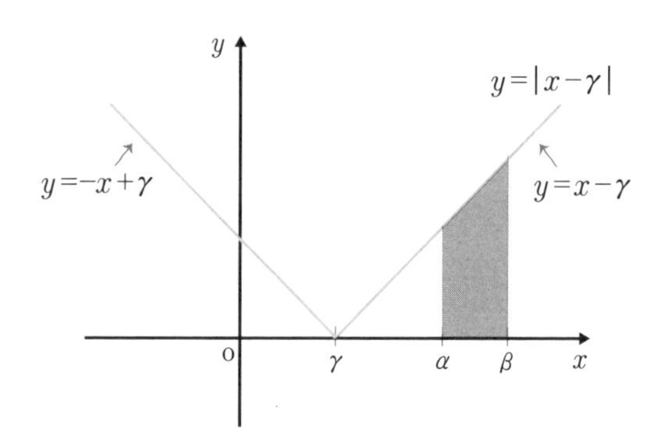

정적분으로 나타내면,

$$\int_{\alpha}^{\beta}|x-r|\,dx=\int_{\alpha}^{\beta}(x-r)\,dx$$

$$=\left[\frac{1}{2}x^2-\gamma x\right]_{\alpha}^{\beta}$$

절댓값에 관한 정적분 세 가지는 구하는 공식이 있는 것은 아니다. 다만 적분 구간에 따라 풀이방법이 다르기 때문에 그에 맞게 식을 잘 세워야 한다. 이제 구체적으로 숫자를 대입해 문제를 풀어보자.

$\int_{-1}^{8}|x-7|\,dx$를 구해보자.

$\int_{-1}^{8}|x-7|\,dx$를 $\int_{-1}^{7}(-x+7)\,dx$와 $\int_{7}^{8}(x-7)\,dx$로 나누어서 그래프를 생각한다.

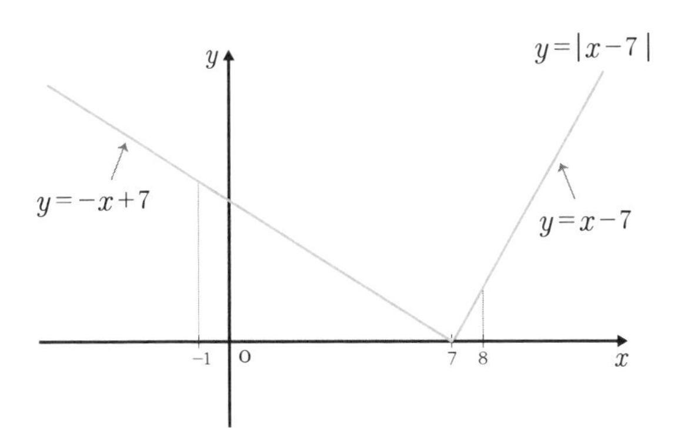

그래프를 그린 후 정적분을 계산한다.

$$\int_{-1}^{8} |x-7|\, dx = \int_{-1}^{7} (-x+7)\, dx + \int_{7}^{8} (x-7)\, dx$$

$$= \left[-\frac{1}{2}x^2+7x\right]_{-1}^{7} + \left[\frac{1}{2}x^2-7x\right]_{7}^{8}$$

$$= -\frac{1}{2}\cdot 7^2+7\cdot 7-\left(-\frac{1}{2}\cdot(-1)^2+7\cdot(-1)\right)$$

$$+\left(\frac{1}{2}\cdot 8^2-7\cdot 8\right)-\left(\frac{1}{2}\cdot 7^2-7\cdot 7\right)$$

$$= -\frac{49}{2}+49+\frac{15}{2}-24+\frac{49}{2}$$

$$= \frac{65}{2}$$

계속해서 $\int_{-1}^{1} |x(x-4)|\, dx$를 구해보자.

그래프를 그릴 때 우선 $y=x^2-4x$를 그린다. 그리고 $y<0$인 부분은 x축 위로 이동시킨다.

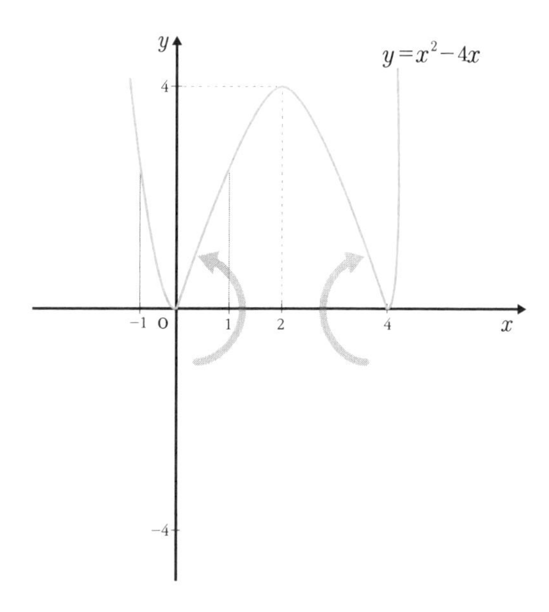

정적분을 구하면,

$$\int_{-1}^{1}|x(x-4)|\,dx=\int_{-1}^{0}(x^2-4x)\,dx+\int_{0}^{1}(-x^2+4x)\,dx$$

$$=\left[\frac{1}{3}x^3-2x^2\right]_{-1}^{0}+\left[-\frac{1}{3}x^3+2x^2\right]_{0}^{1}$$

$$=\frac{1}{3}\cdot 0^3-2\cdot 0^2-\left(\frac{1}{3}\cdot(-1)^3-2\cdot(-1)^2\right)$$

$$+\left(-\frac{1}{3}\cdot 1^3+2\cdot 1^2\right)-\left(-\frac{1}{3}\cdot 0^3+2\cdot 0^2\right)$$

$$=-\left(-\frac{1}{3}-2\right)+\left(-\frac{1}{3}+2\right)$$

$$=4$$

실력 Up

문제 1 $\int_{-\pi}^{0} |\cos x|\, dx$를 구하여라.

풀이 $\int_{-\pi}^{0} |\cos x|\, dx$ 그래프를 그리면 구하려는 부분을 정확히 알 수 있다. 특히 초월함수는 그림을 그리면서 풀어보아야 한다.

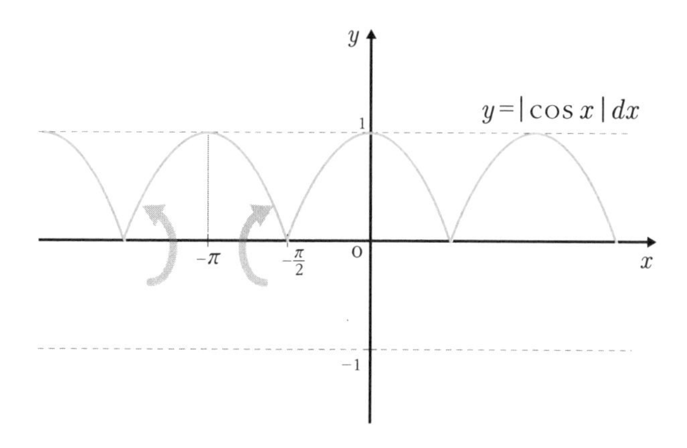

$\int_{-\pi}^{0} |\cos x|\, dx$는 $\int_{-\pi}^{-\frac{\pi}{2}} (-\cos x)\, dx$와 $\int_{-\frac{\pi}{2}}^{0} \cos x\, dx$로 나누어 계산한다.

$$\int_{-\pi}^{0} |\cos x|\, dx = \int_{-\pi}^{-\frac{\pi}{2}} (-\cos x)\, dx + \int_{-\frac{\pi}{2}}^{0} \cos x\, dx$$

$$= \left[-\sin x\right]_{-\pi}^{-\frac{\pi}{2}} + \left[\sin x\right]_{-\frac{\pi}{2}}^{0}$$

$$= \left(-\sin\left(-\frac{\pi}{2}\right) - \left(-\sin(-\pi)\right) + (\sin 0) - \left(\sin\left(-\frac{\pi}{2}\right)\right)\right)$$

$$= 1 - 0 + 0 - (-1) = 2$$

답 2

2 $\int_{-1}^{1} |e^x-2|\, dx$를 구하여라.

풀이 $\int_{-1}^{1} |e^x-2|\, dx$ 그래프를 그린다.

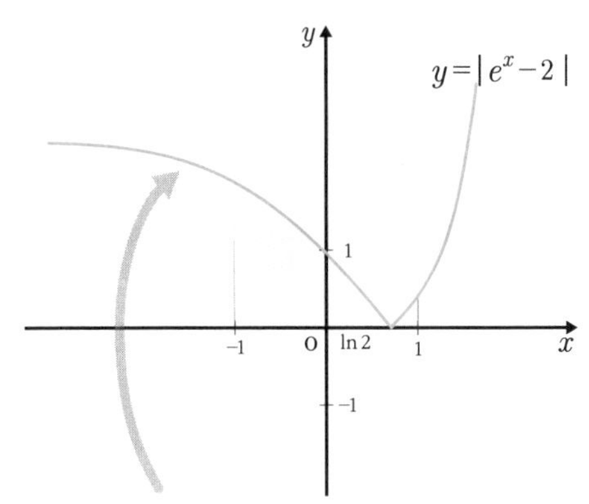

$y=|e^x-2|$에서 x축과의 교점은 $y=e^x-2$에서 $y=0$을 대입하면 $x=\ln 2$가 된다.

$$\int_{-1}^{1} |e^x-2|dx=\int_{-1}^{\ln 2}(-e^x+2)\,dx+\int_{\ln 2}^{1}(e^x-2)\,dx$$

$$=-\left[e^x-2x\right]_{-1}^{\ln 2}+\left[e^x-2x\right]_{\ln 2}^{1}$$

$$=-\{(e^{\ln 2}-2\cdot\ln 2)-(e^{-1}-2\cdot(-1))\}$$

$$+(e-2\cdot 1)-(e^{\ln 2}-2\ln 2)$$

$$=-2+2\ln 2+\frac{1}{e}+2+e-2-2+2\ln 2$$

$$=4\ln 2+\frac{1}{e}+e-4$$

답 $4\ln 2+\frac{1}{e}+e-4$

3 $\int_0^2 |e^x - e|\,dx$를 구하여라.

풀이 $\int_0^2 |e^x - e|\,dx$ 그래프를 그려본다.

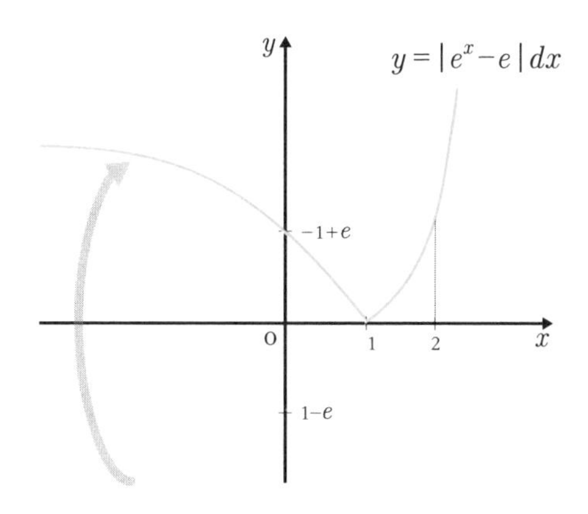

$$\int_0^1 (-e^x + e)\,dx + \int_1^2 (e^x - e)\,dx$$

$$= -\left[e^x - ex\right]_0^1 + \left[e^x - ex\right]_1^2$$

$$= -\{(e - e\cdot 1) - (e^0 - e\cdot 0)\} + (e^2 - 2e) - (e - e)$$

$$= e^2 - 2e + 1$$

$$= (e-1)^2$$

답을 표기할 때 $e^2 - 2e + 1$이나 완전제곱식 $(e-1)^2$ 중 어느 것을 써도 무관하다.

답 $(e-1)^2$

정적분에서 치환적분법의 사용

$x=g(t)$가 미분이 가능하고 $a=g(\alpha)$, $b=g(\beta)$이면

$\int_a^b f(x)\,dx=\int_\alpha^\beta f(g(t))g'(t)\,dt$이다.

정적분에서 치환적분법을 사용하는 가장 큰 이유는 적분법의 공식이 성립하지 않을 때와 복잡한 식일 때이다. 초월함수의 경우도 식을 간단하게 바꿀 수 있는 것이 있지만 해결이 잘 되지 않을 때는 치환적분법을 사용하는 것이 효과적이다. 이는 복잡한 방정식도 치환해야 빠르게 근을 구할 수 있는 것과 같은 이치이다.

치환적분법을 사용해 $\int_1^3 (3x-4)^3dx$를 구해보자.

이 정적분은 삼차식을 전개해 풀어보는 것보다 치환해 푸는 것이 나을 것이다. $3x-4$를 t로 치환하면 $x=1$일 때 $t=-1$, $x=3$일 때 $t=5$로 적분 구간이 바뀐다. 이것은 삼차식의 치환을 마친 후 하나 처음에 하나 상관은 없지만 혹시 잊고 계산하면 틀리므로 미리 할 것을 권한다.

$$\int_1^3 (3x-4)^3dx$$

적분 구간을 바꾸면

$$=\int_{-1}^5 (3x-4)^3dx$$

$3x-4=t$로 치환하고 $\frac{dt}{dx}=3$를 $dx=\frac{dt}{3}$로 바꿔 대입하면

$$=\int_{-1}^5 t^3\cdot\frac{dt}{3}$$

$$=\frac{1}{3}\int_{-1}^{5} t^3 dt$$

$$=\left[\frac{1}{12}t^4\right]_{-1}^{5}$$

$$=\left(\frac{5^4}{12}\right)-\left(\frac{(-1)^4}{12}\right)$$

$$=\frac{624}{12}$$

$$=52$$

그렇다면 차수를 올려 $\int_{1}^{3}(3x-4)^5dx$를 치환적분법으로 구해보자. 오차식은 전개하면 식이 복잡한 만큼 정확한 답을 빠른 시간 안에 구하려면 치환적분법이 좋다. $3x-4$를 t로 치환하면 $x=1$일 때 $t=-1$, $x=3$일 때 $t=5$로 적분 구간이 바뀐다.

$$\int_{1}^{3}(3x-4)^5dx$$

적분 구간을 바꾸면

$$=\int_{-1}^{5}(3x-4)^5dx$$

$3x-4=t$로 치환하고 $\frac{dt}{dx}=3$를 $dx=\frac{dt}{3}$로 바꿔 대입하면

$$=\int_{-1}^{5}t^5\cdot\frac{dt}{3}$$

$$=\frac{1}{3}\int_{-1}^{5}t^5dt$$

$$=\left[\frac{1}{18}t^6\right]_{-1}^{5}$$

$$=\left(\frac{1}{18}\cdot 5^6\right)-\left(\frac{1}{18}\cdot(-1)^6\right)$$

$$=\frac{5^6}{18}-\frac{1}{18}$$

$$=\frac{15624}{18}$$

$$=868$$

이렇게 차수가 복잡한 정적분의 계산은 치환을 통해 조금 더 빠르고 정확하게 할 수 있다.

이번에는 $\int_0^1 \frac{3x}{x^2+1}\,dx$를 구해보자. x^2+1을 t로 치환하면 $x=0$일 때 $t=1$, $x=1$일 때 $t=2$가 된다.

$$\int_0^1 \frac{3x}{x^2+1}\,dx$$

적분 구간을 바꾸면

$$=\int_1^2 \frac{3x}{x^2+1}\,dx$$

x^2+1을 t로 치환하고 $\frac{dt}{dx}=2x$를 $dx=\frac{dt}{2x}$로 바꿔 대입하면

$$=\int_1^2 \frac{3x}{t}\cdot\frac{dt}{2x}$$

$$=\frac{3}{2}\int_1^2 \frac{1}{t}\,dt$$

$$=\frac{3}{2}\left[\ln|t|\right]_1^2$$

$$=\frac{3}{2}\ln 2-\frac{3}{2}\ln 1$$

=0

$$=\frac{3}{2}\ln 2$$

실력 Up

문제 1 $\int_e^{e^2}\frac{1}{x(\ln x)^2}\,dx$를 구하여라.

풀이 $\int_e^{e^2}\frac{1}{x(\ln x)^2}\,dx$에서 $\ln x$를 t로 치환하면, $x=e$일 때 $t=1$, $x=e^2$일 때 $t=2$이다.

$$\int_e^{e^2}\frac{1}{x(\ln x)^2}\,dx$$

적분 구간을 바꾸면

$$=\int_1^2\frac{1}{x(\ln x)^2}\,dx$$

$\ln x$를 t로 치환하고 $\frac{dt}{dx}=\frac{1}{x}$를 $dx=x\,dt$로 바꿔 대입하면

$$=\int_1^2\frac{1}{x\cdot t^2}\,x\,dt$$

$$=\left[-\frac{1}{t}\right]_1^2$$

$$=\frac{1}{2}$$

답 $\frac{1}{2}$

문제 2 $\int_0^1 (x+1)e^{x^2+2x}dx$를 구하여라.

풀이 x^2+2x를 t로 치환하면 $x=0$일 때 $t=0$, $x=1$일 때 $t=3$이다.

$$\int_0^1 (x+1)e^{x^2+2x}dx$$

적분 구간을 바꾸면

$$=\int_0^3 (x+1)e^{x^2+2x}dx$$

x^2+2x를 t로 치환하고

$\frac{dt}{dx}=2x+2$를 $dx=\frac{dt}{2x+2}$로 바꿔 대입하면

$$=\int_0^3 (x+1)e^t \cdot \frac{dt}{2(x+1)}$$

$$\frac{1}{2}\int_0^3 e^t dt=\left[\frac{1}{2}e^t\right]_0^3=\frac{1}{2}(e^3-e^0)=\frac{1}{2}e^3-\frac{1}{2}$$

답 $\frac{1}{2}e^3-\frac{1}{2}$

문제 3 $\int_0^{\frac{\pi}{2}} \cos^3 x\,dx$와 $\int_0^{\frac{\pi}{2}} \sin^3 x\,dx$를 각각 구하고 그 값을 비교하여라.

풀이 $\int_0^{\frac{\pi}{2}} \cos^3 x\,dx = \int_0^{\frac{\pi}{2}} \cos^2 x \cdot \cos x\,dx$

$= \int_0^{\frac{\pi}{2}} (1-\sin^2 x)\cos x\,dx$

$\sin x = t$로 치환한 후 $x=0$일 때 $t=0$,

$x=\frac{\pi}{2}$일 때 $t=1$을 대입하면

$= \int_0^1 (1-t^2)\cos x\,dx$

$\frac{dt}{dx}=\cos x$를 $dx=\frac{dt}{\cos x}$로 바꿔 대입하면

$= \int_0^1 (1-t^2)\cos x \cdot \frac{dt}{\cos x}$

$= \int_0^1 (1-t^2)\,dt$

$= \left[t - \frac{1}{3}t^3 \right]_0^1$

$= \frac{2}{3}$

$\int_0^{\frac{\pi}{2}} \sin^3 x\,dx = \int_0^{\frac{\pi}{2}} \sin^2 x \cdot \sin x\,dx$

$= \int_0^{\frac{\pi}{2}} (1-\cos^2 x)\sin x\,dx$

$\cos x = t$로 치환한 후 $x=0$일 때 $t=1$, $x=\frac{\pi}{2}$일 때 $t=0$을 대입하면

$$=\int_1^0 (1-t^2)\sin x\,dx$$

$\frac{dt}{dx}=-\sin x$를 $dx=-\frac{dt}{\sin x}$로 바꿔 대입하면

$$=\int_1^0 (1-t^2)\sin x \cdot \left(-\frac{dt}{\sin x}\right)$$

$$=-\int_1^0 (1-t^2)\,dt$$

$$=\int_0^1 (1-t^2)\,dt$$

$$=\left[t-\frac{1}{3}t^3\right]_0^1$$

$$=\frac{2}{3}$$

$\int_0^{\frac{\pi}{2}} \cos^3 x\,dx$와 $\int_0^{\frac{\pi}{2}} \sin^3 x\,dx$는 $\frac{2}{3}$이므로 그 값은 같다.

답 같다

정적분에서 삼각치환법을 사용하는 이유는 변수를 직접 적분하기 어려울 때 이를 해결하기 위해서이다.

정적분에서 사용하는 삼각치환법은 두 가지가 있다. 피적분함수가 $\sqrt{a^2-x^2}$ $(a>0)$ 형태일 때와 $\frac{1}{a^2+x^2}$$(a>0)$ 형태일 때이다.

(1) 피적분함수가 $\sqrt{a^2-x^2}$ $(a>0)$ 형태일 때

$x=a\sin\theta$로 치환하여 구한다. $\left(\text{단 } -\frac{\pi}{2} \le \theta \le \frac{\pi}{2}\right)$

(2) 피적분함수가 $\frac{1}{a^2+x^2}$$(a>0)$ 형태일 때

$x=a\tan\theta$로 치환하여 구한다. $\left(\text{단 } -\frac{\pi}{2} \le \theta \le \frac{\pi}{2}\right)$

$\int_{-1}^{0}\sqrt{1-x^2}\,dx$를 구해 (1)을 살펴보자.

$x=\sin\theta$로 하면 $x=-1$일 때 $\theta=-\frac{\pi}{2}$, $x=0$일 때 $\theta=0$, $\frac{dx}{d\theta}=\cos\theta$이다.

$$\int_{-1}^{0}\sqrt{1-x^2}\,dx$$

적분 구간을 바꾸고 $x=\sin\theta$를 대입하면

$$=\int_{-\frac{\pi}{2}}^{0}\sqrt{1-\sin^2\theta}\,\,dx$$

$\frac{dx}{d\theta}=\cos\theta$를 $dx=\cos\theta\,d\theta$로 바꿔 대입하면

$$=\int_{-\frac{\pi}{2}}^{0}\sqrt{1-\sin^2\theta}\cdot\cos\theta d\theta$$

$$=\int_{-\frac{\pi}{2}}^{0}\cos^2\theta\, d\theta$$

$$=\int_{-\frac{\pi}{2}}^{0}\frac{1+\cos 2\theta}{2}d\theta$$

$$=\frac{1}{2}\int_{-\frac{\pi}{2}}^{0}(1+\cos 2\theta)\, d\theta=\left[\frac{1}{2}\theta+\frac{1}{4}\sin 2\theta\right]_{-\frac{\pi}{2}}^{0}$$

$$=\frac{1}{2}\cdot 0+\frac{1}{4}\cdot\sin(2\cdot 0)$$

$$-\left\{\left(\frac{1}{2}\cdot\left(-\frac{\pi}{2}\right)\right)+\frac{1}{4}\cdot\sin\left(2\cdot\left(-\frac{\pi}{2}\right)\right)\right\}$$

$$=\frac{\pi}{4}$$

$\int_{-1}^{0}\sqrt{1-x^2}\,dx$를 그림으로 나타내려면 $\sqrt{1-x^2}$ 을 y로 하고 양변을 제곱해 이항하면 $x^2+y^2=1$인 원의 방정식이 나온다. 여기서 $\sqrt{1-x^2}\geq 0$이기 때문에 x축의 윗부분만 고려한다.

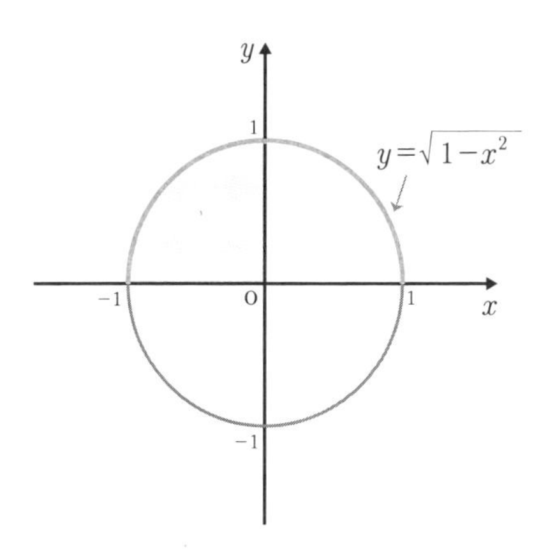

구하고자 하는 부분은 색칠한 부분으로, 반지름의 길이가 1인 사분원의 넓이이다. 따라서 $\frac{\pi}{4}$가 된다. 이처럼 정적분은 그림으로 그리면 어느 부분을 구하는 것인지 알게 된다.

계속해서 $\int_0^{\frac{\sqrt{3}}{3}} \frac{1}{1+x^2}\,dx$를 구해 (2)를 살펴보자.

적분 구간을 생각하기 전에 x를 $\tan\theta$로 놓는다. 이에 따라 $x=0$일 때 $\theta=0$, $x=\frac{\sqrt{3}}{3}$일 때 $\theta=\frac{\pi}{6}$이다.

$$\int_0^{\frac{\sqrt{3}}{3}} \frac{1}{1+x^2}\,dx$$

적분 구간을 바꾸고 $x=\tan\theta$를 대입하면

$$=\int_0^{\frac{\pi}{6}} \frac{1}{1+\tan^2\theta}\,dx$$

분모 $1+\tan^2\theta=\sec^2\theta$로 바꾸면

$$=\int_0^{\frac{\pi}{6}} \frac{1}{\sec^2\theta}\,dx$$

$\frac{dx}{d\theta}=\sec^2\theta$를 $dx=\sec^2\theta\,d\theta$로 바꿔 대입하면

$$=\int_0^{\frac{\pi}{6}} \frac{1}{\sec^2\theta}\cdot\sec^2\theta\,d\theta$$

$$=\int_0^{\frac{\pi}{6}} 1\cdot d\theta$$

$$=\left[\theta\right]_0^{\frac{\pi}{6}}$$

$$=\frac{\pi}{6}$$

이 정적분의 계산도 그래프로 나타내면 어느 부분을 구한 것인지 알 수 있다.

따라서 $\int_{0}^{\frac{\sqrt{3}}{3}} \frac{1}{1+x^2}\,dx$의 그래프를 그리면,

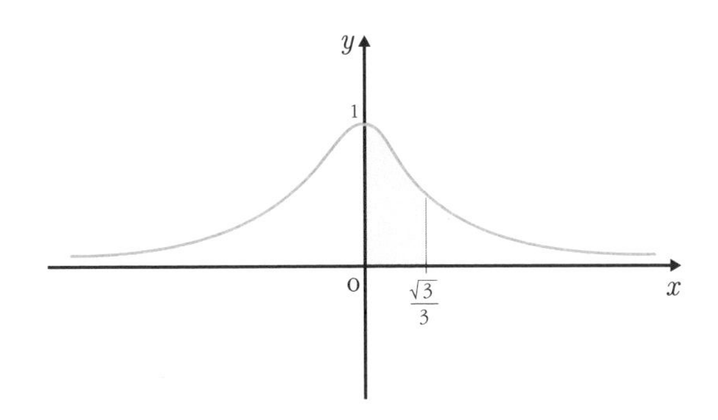

색칠한 부분의 넓이가 $\frac{\pi}{6}$가 된다. 그래프를 그릴 때 분모의 $1+x^2$은 $x=1, 2, 3, \cdots$을 대입하면서 점의 좌표를 표시하면 제1사분면에서 감소하고, $x=-1, -2, -3, \cdots$을 대입하면 제2사분면에서도 감소하는 것을 알 수 있다. 그리고 y축에 대칭이다.

정적분에서 부분적분법의 사용

정적분에서의 부분적분법은 부정적분과 공식이 같다. 차이점은 적분 구간이 있다는 것이다.

$$\int_a^b f(x)g'(x)\,dx=\left[f(x)g(x)\right]_b^a-\int_a^b f'(x)g(x)\,dx$$

$f(x)=u$, $g(x)=\upsilon$로 하면 $\int_a^b u\upsilon'=\left[u\upsilon\right]_b^a-\int_a^b u'\upsilon\,dx$인 것이다.

이를 확인하기 위해 문제를 풀어보자.

$\int_1^e x\ln x\,dx$에서 $x=u$, $\ln x=\upsilon'$로 하면 υ를 구할 수 있을까? $\ln x$를 적분하면 그 값이 $x\ln x-x$가 나오는 사람은 드물 것이다. 만약 이런 답이 나왔다면 u와 υ'를 잘못 정한 것이다. 이런 경우에는 $\ln x=u$, $x=\upsilon'$로 정해보자. $\upsilon=\frac{1}{2}x^2$이다.

$$\begin{aligned}\int_1^e x\ln x\,dx&=\left[\ln x\cdot\frac{1}{2}x^2\right]_1^e-\int_1^e\frac{1}{x}\cdot\frac{1}{2}x^2dx\\&=\left(\ln e\cdot\frac{1}{2}e^2\right)-\frac{1}{4}\left[e^2-1^2\right]\\&=\frac{1}{4}e^2+\frac{1}{4}\end{aligned}$$

그래프를 그리면,

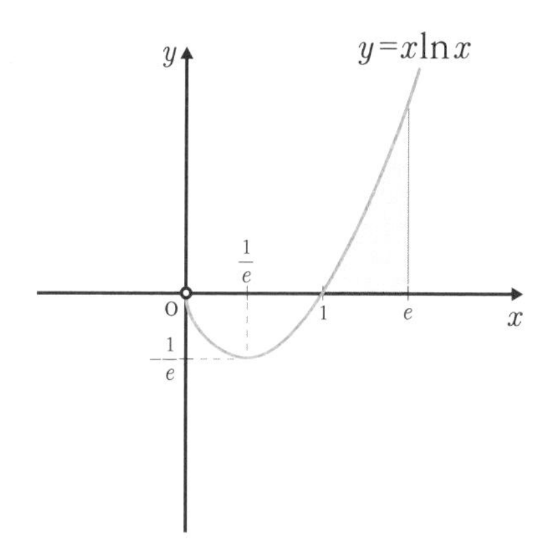

색칠한 부분이 $\frac{1}{4}e^2+\frac{1}{4}$ 임을 알 수 있다.

계속해서 $\int_0^1 xe^x dx$를 구해보자.

$x=u$, $e^x=v'$ 로 하면

$$\int_0^1 xe^x dx=[xe^x]_0^1-\int_0^1 1\cdot e^x dx$$
$$=(1\cdot e-0\cdot e^0)-\{(e)-(e^0)\}$$
$$=1$$

그래프로 그리면,

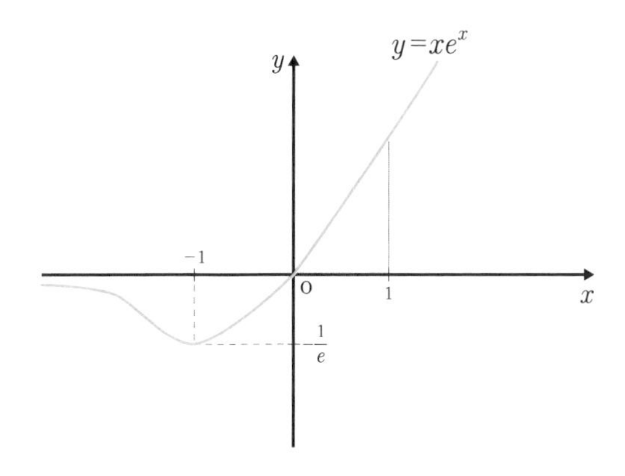

색칠한 부분의 넓이가 1인 것을 알 수 있다.

계속해서 $\int_1^4 \frac{\ln x}{x}dx$를 구해보자.

$\int_1^4 \frac{\ln x}{x}dx=\int_1^4 \ln x\cdot\frac{1}{x}dx$에서 $\ln x=u$, $\frac{1}{x}=v'$ 로 놓았을 때,

$$\int_1^4 \frac{\ln x}{x}\,dx = \left[\ln x \cdot \ln|x|\right]_1^4 - \int_1^4 \frac{1}{x}\cdot \ln|x|\,dx$$

적분 구간이 1에서 4까지이므로 절댓값을 없애면

$$= \left[\ln x \cdot \ln x\right]_1^4 - \int_1^4 \frac{\ln x}{x}\,dx$$

이항하여 정리하면

$$2\int_1^4 \frac{\ln x}{x}\,dx = \left[\ln^2 x\right]_1^4$$

양변을 2로 나누고 우변을 계산하면

$$\int_1^4 \frac{\ln x}{x}\,dx = \frac{\ln^2 4}{2}$$

그래프로 그리면,

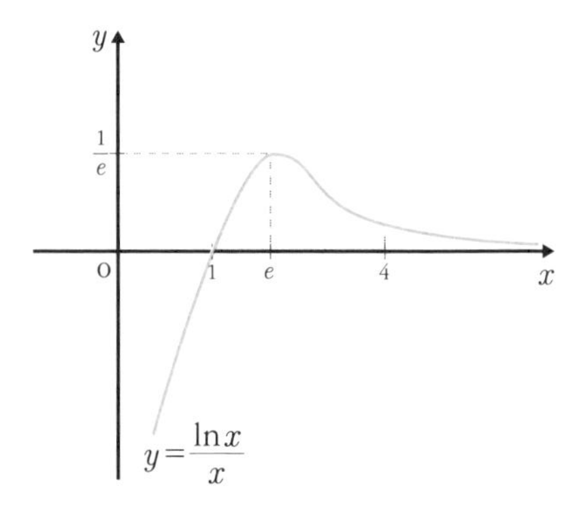

색칠한 부분이 $\frac{\ln^2 4}{2}$ 임을 알 수 있다.

문제 1 $\displaystyle\int_1^e \frac{(\ln x)^2}{x}dx$를 구하여라.

풀이 부분적분법을 사용하기 위해 $(\ln x)^2=u,\ \dfrac{1}{x}=v'$로 놓는다.

$$\int_1^e \frac{(\ln x)^2}{x}dx=\Big[(\ln x)^2\cdot \ln|x|\Big]_1^e-\int_1^e \frac{2}{x}\cdot \ln x\cdot \ln|x|\,dx$$

적분 구간이 1부터 e까지이므로 절댓값을 없애면

$$=\Big[(\ln x)^3\Big]_1^e-2\int_1^e \frac{(\ln x)^2}{x}dx$$

이항하여 정리하면

$$3\int_1^e \frac{(\ln x)^2}{x}dx=\Big[(\ln x)^3\Big]_1^e$$

양변을 3으로 나누고 우변을 계산하면

$$\int_1^e \frac{(\ln x)^2}{x}dx=\frac{1}{3}$$

그래프를 그리면,
색칠한 부분이 정적분을
구한 부분이 된다.

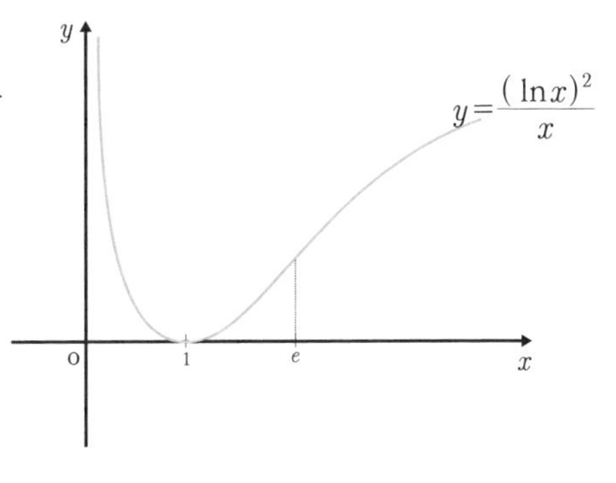

 $\dfrac{1}{3}$

실력 Up

문제 2 $\int_3^4 (x\ln x - x)\,dx$를 구하여라.

풀이 $\int_3^4 (x\ln x - x)\,dx = \int_3^4 x\ln x\,dx - \int_3^4 x\,dx$

여기서 $\int_3^4 x\ln x\,dx$는 부분적분법으로 계산한다.

$\int_3^4 x\ln x\,dx$

$\ln x = u$, $x = v'$로 하면

$$= \left[\ln x \cdot \frac{1}{2}x^2\right]_3^4 - \int_3^4 \frac{1}{x}\cdot\frac{1}{2}x^2 dx$$

$$= \ln 4 \cdot \frac{1}{2}\cdot 4^2 - \ln 3 \cdot \frac{1}{2}\cdot 3^2 - \left[\frac{1}{4}x^2\right]_3^4$$

$$= 8\ln 4 - \frac{9}{2}\ln 3 - \frac{7}{4}$$

$$= 16\ln 2 - \frac{9}{2}\ln 3 - \frac{7}{4}$$

따라서 $\int_3^4 (x\ln x - x)\,dx = \int_3^4 x\ln x\,dx - \int_3^4 x\,dx$

$$= 16\ln 2 - \frac{9}{2}\ln 3 - \frac{7}{4} - \int_3^4 x\,dx$$

$$= 16\ln 2 - \frac{9}{2}\ln 3 - \frac{7}{4} - \frac{7}{2}$$

$$= 16\ln 2 - \frac{9}{2}\ln 3 - \frac{21}{4}$$

그래프로 그리면,

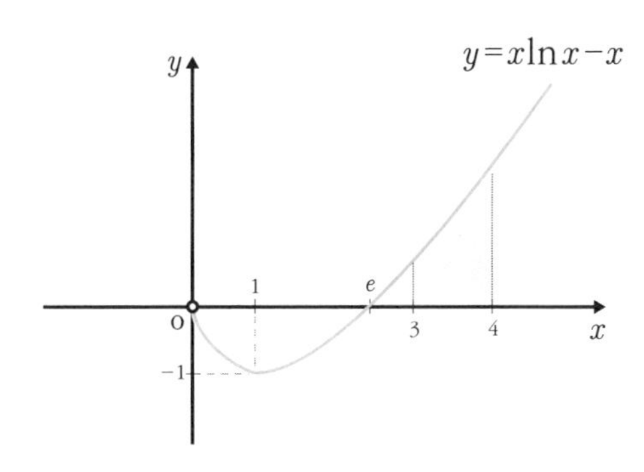

색칠한 부분이 정적분을 구한 부분이다.

$$=16\ln 2-\frac{9}{2}\ln 3-\frac{21}{4}\fallingdotseq 0.9$$

답 $16\ln 2-\frac{9}{2}\ln 3-\frac{21}{4}$

무한급수와 정적분의 관계

정적분은 무한급수에서 시작되었다. 무한급수를 정적분으로 바꾸는 경우는 일반적으로 네 가지가 있다.

$$(1)\ \lim_{n\to\infty}\sum_{k=1}^{n} f\left(\frac{k}{n}\right)\cdot\frac{1}{n}=\int_0^1 f(x)\,dx$$

$$(2)\ \lim_{n\to\infty}\sum_{k=1}^{n} f\left(\frac{p}{n}k\right)\cdot\frac{p}{n}=\int_0^p f(x)\,dx$$

$$(3)\ \lim_{n\to\infty}\sum_{k=1}^{n} f\left(a+\frac{(b-a)}{n}k\right)\cdot\frac{b-a}{n}=\int_a^b f(x)\,dx$$

$$(4)\ \lim_{n\to\infty}\sum_{k=1}^{n} f\left(a+\frac{p}{n}k\right)\cdot\frac{p}{n}=\int_a^{a+p} f(x)\,dx$$

$$=\int_0^p f(a+x)\,dx$$

$$=\int_0^1 pf(a+px)\,dx$$

무한급수 $\lim_{n\to\infty}\sum_{k=1}^{n} f\left(\frac{2k}{n}\right)^2\cdot\frac{1}{n}$ 를 정적분을 이용해 구해보자.

$\frac{k}{n}$ 를 x로 하면,

$$x=\frac{1}{n} \quad\quad x=\frac{1}{\infty}=0$$

$$\frac{2}{n} \quad\quad =\frac{2}{\infty}=0$$

$$\frac{3}{n} \xrightarrow{n\to\infty\text{이므로}} =\frac{3}{\infty}=0$$

$$\vdots \quad\quad \vdots$$

$$\frac{n}{n} \quad\quad =1$$

적분 구간이
0에서 1까지이다.

적분 구간이 0에서 1까지이다. 공차는 $\frac{1}{n}$이므로 $dx=\frac{1}{n}$이다.

다시 무한급수를 정적분으로 나타내면,

$$\lim_{n\to\infty}\sum_{k=1}^{n} f\left(\frac{2k}{n}\right)^2 \cdot \frac{1}{n}=\int_0^1 (2x)^2dx=\left[\frac{4}{3}x^3\right]_0^1=\frac{4}{3}$$

이를 다른 방법으로 풀어보자. $\frac{2k}{n}$를 x로 하고 풀어보는 것이다.

$$x=\frac{2}{n} \quad\quad x=\frac{2}{\infty}=0$$

$$\frac{4}{n} \quad\quad =\frac{4}{\infty}=0$$

$$\frac{6}{n} \xrightarrow{n\to\infty\text{이므로}} =\frac{6}{\infty}=0$$

$$\vdots \quad\quad \vdots$$

$$\frac{2n}{n} \quad\quad =2$$

적분 구간이 0에서 2까지이다. 공차는 $\frac{2}{n}$이므로 $dx=\frac{2}{n}$이다.

따라서 $\frac{1}{n}=\frac{1}{2}dx$가 된다.

다시 무한급수를 정적분으로 나타내면,

$$\lim_{n\to\infty}\sum_{k=1}^{n} f\left(\frac{2k}{n}\right)^2 \cdot \frac{1}{n} = \int_0^2 x^2 \cdot \frac{1}{2}\,dx = \left[\frac{1}{6}x^3\right]_0^2 = \frac{4}{3}$$

$\frac{k}{n}$를 x로 하거나 $\frac{2k}{n}$를 x로 해도 결과는 같다. 어떤 방법으로 풀지는 여러분이 선택하면 된다. 다양한 방법으로 풀어보면 어떤 방법이 더 나은지 알게 될 것이다. 문제에 대한 경험이 쌓인다면 그만큼 적분이 더 재미있어질 것이다.

계속해서 정적분을 이용해 무한급수 $\lim_{n\to\infty}\sum_{k=1}^{n} f\left(2+\frac{2k}{n}\right)^2 \cdot \frac{2}{n}$를 구해보자.

$2+\frac{2k}{n}$를 x로 놓으면,

$$\begin{aligned} x &= 2+\frac{2}{n} & & x = 2+\frac{2}{\infty} = 2 \\ &= 2+\frac{4}{n} & \xrightarrow{n\to\infty \text{ 이므로}} & = 2+\frac{4}{\infty} = 2 \\ &= 2+\frac{6}{n} & & = 2+\frac{6}{\infty} = 2 \\ &\vdots & & \vdots \\ &= 2+\frac{2n}{n} & & = 2+2 = 4 \end{aligned}$$

적분 구간이 2에서 4까지임을 알 수 있다. 공차는 $\frac{2}{n}$이므로 $dx=\frac{2}{n}$이다.

다시 무한급수를 정적분으로 나타내면,

$$\lim_{n\to\infty}\sum_{k=1}^{n} f\left(2+\frac{2k}{n}\right)^2 \cdot \frac{2}{n} = \int_2^4 x^2\,dx = \left[\frac{1}{3}x^3\right]_2^4 = \frac{56}{3}$$

실력 Up

1 무한급수 $\lim_{n\to\infty}\sum_{k=1}^{n} f\left(1+\frac{2k}{n}\right)^3\frac{1}{n}$ 을 정적분을 이용해 구하여라.

풀이 $\lim_{n\to\infty}\sum_{k=1}^{n} f\left(1+\frac{2k}{n}\right)^3\frac{1}{n}$ 에서 $1+\frac{2k}{n}$ 를 x로 놓으면,

$$
\begin{array}{lcl}
x=1+\frac{2}{n} & & 1+\frac{2}{n}=1+\frac{2}{\infty}=1 \\
\quad\ 1+\frac{4}{n} & \xrightarrow{n\to\infty\text{ 이므로}} & 1+\frac{4}{n}=1+\frac{4}{\infty}=1 \\
\quad\ 1+\frac{6}{n} & & 1+\frac{6}{n}=1+\frac{6}{\infty}=1 \\
\quad\ \vdots & & \vdots \\
\quad\ 1+\frac{2n}{n} & & 1+\frac{2n}{n}=1+2=3
\end{array}
$$

따라서 적분 구간이 1에서 3까지임을 알 수 있다.

$dx=\frac{2}{n}$ 이며 공차이므로 $\frac{1}{n}=\frac{1}{2}dx$ 이며 다시 무한급수를 정적분으로 나타내면,

$$
\begin{aligned}
\lim_{n\to\infty}\sum_{k=1}^{n} f\left(1+\frac{2k}{n}\right)^3\frac{1}{n} &=\int_1^3 x^3\cdot\frac{1}{2}dx \\
&=\frac{1}{2}\int_1^3 x^3dx \\
&=\left[\frac{1}{8}x^4\right]_1^3 \\
&=10
\end{aligned}
$$

답 10

2 $f(x)=x+12$일 때 $\lim_{n\to\infty}\sum_{k=1}^{n}\frac{1}{n}f\left(1+\frac{k}{n}\right)$ 을 정적분으로 구하여라.

풀이 $\lim_{n\to\infty}\sum_{k=1}^{n}\frac{1}{n}f\left(1+\frac{k}{n}\right)$ 에서 $1+\frac{k}{n}$ 를 x로 놓으면,

$$\begin{aligned} x &= 1+\frac{1}{n} \\ &= 1+\frac{2}{n} \\ &= 1+\frac{3}{n} \\ &\ \ \vdots \\ &= 1+\frac{n}{n} \end{aligned} \quad \xrightarrow{n\to\infty \text{ 이므로}} \quad \begin{aligned} x &= 1+\frac{1}{\infty}=1 \\ &= 1+\frac{2}{\infty}=1 \\ &= 1+\frac{3}{\infty}=1 \\ &\ \ \vdots \\ &= 1+1=2 \end{aligned}$$

적분 구간이 1에서 2까지이다. 그리고 $dx=\frac{1}{n}$ 이며 공차이므로 다시 무한급수를 정적분으로 나타내면,

$$\lim_{n\to\infty}\sum_{k=1}^{n}f\left(1+\frac{k}{n}\right)dx=\int_{1}^{2}f(x)\,dx$$

$f(x)=x+12$를 대입하면

$$\begin{aligned} &=\int_{1}^{2}(x+12)\,dx \\ &=\left[\frac{1}{2}x^2+12x\right]_{1}^{2} \\ &=\frac{27}{2} \end{aligned}$$

답 $\frac{27}{2}$

3 무한급수 $\lim_{n\to\infty}\frac{1}{n}\left\{\left(1+\frac{1}{n}\right)^2+\left(1+\frac{2}{n}\right)^2+\cdots+\left(1+\frac{n}{n}\right)^2\right\}$ 을 정적분을 이용해 구하여라.

풀이 $1+\frac{k}{n}$를 x로 하면

$$\begin{aligned} x&=1+\frac{1}{n} & & x=1+\frac{1}{\infty}=1 \\ &=1+\frac{2}{n} & \xrightarrow{n\to\infty \text{ 이므로}} & =1+\frac{2}{\infty}=1 \\ &=1+\frac{3}{n} & & =1+\frac{3}{\infty}=1 \\ &\ \ \vdots & & \quad\ \vdots \\ &=1+\frac{n}{n} & & =1+1=2 \end{aligned}$$

적분 구간이 1에서 2까지임을 알 수 있다. 그리고 $dx=\frac{1}{n}$ 이며 공차이므로 다시 무한급수를 정적분으로 나타내면,

$$\lim_{n\to\infty}\frac{1}{n}\left\{\left(1+\frac{1}{n}\right)^2+\left(1+\frac{2}{n}\right)^2+\cdots+\left(1+\frac{n}{n}\right)^2\right\}$$

$$=\int_1^2 x^2dx=\left[\frac{1}{3}x^3\right]_1^2$$

$$=\frac{7}{3}$$

답 $\frac{7}{3}$

4 무한급수 $\lim_{n\to\infty}\frac{5}{n}\left\{\left(1+\frac{1}{n}\right)^4+\left(1+\frac{2}{n}\right)^4+\cdots+\left(1+\frac{n}{n}\right)^4\right\}$을 정적분을 이용해 구하여라.

풀이 $1+\frac{k}{n}$를 x로 하면,

$$\begin{aligned} x&=1+\frac{1}{n} \\ &=1+\frac{2}{n} \\ &=1+\frac{3}{n} \\ &\vdots \\ &=1+\frac{n}{n} \end{aligned} \quad \xrightarrow{n\to\infty \text{ 이므로}} \quad \begin{aligned} x&=1+\frac{1}{\infty}=1 \\ &=1+\frac{2}{\infty}=1 \\ &=1+\frac{3}{\infty}=1 \\ &\vdots \\ &=1+1=2 \end{aligned}$$

적분 구간이 1에서 2까지이다. 그리고 $\frac{1}{n}=dx$이므로 $\frac{5}{n}=5dx$이다. 다시 무한급수를 정적분으로 나타내면,

$$\int_1^2 5\cdot x^4dx=\left[x^5\right]_1^2=32-1=31$$

답 31

5 무한급수 $\lim_{n\to\infty}\left\{\ln(n+1)^{\frac{1}{n}}+\ln(n+2)^{\frac{1}{n}}+\cdots+\ln(n+n)^{\frac{1}{n}}-\ln n\right\}$를 구하여라.

풀이

$$\lim_{n\to\infty}\left\{\frac{1}{n}\ln(n+1)+\frac{1}{n}\ln(n+2)+\cdots+\frac{1}{n}\ln(n+n)-\ln n\right\}$$

$\frac{1}{n}$을 공통인수로 하여 분배법칙을 적용하면

$$=\lim_{n\to\infty}\frac{1}{n}\{\ln(n+1)+\ln(n+2)+\cdots+\ln(n+n)-n\ln n\}$$

여기서 $n\ln n$은 $\ln n$이 n개이다. $\ln(n+1)$ 뒤에 $\ln n$을 빼고, $\ln(n+2)$ 뒤에 $\ln n$을 빼고, …이렇게 n개를 빼면 식은 다음처럼 나타낼 수 있다.

$$=\lim_{n\to\infty}\frac{1}{n}\{\underbrace{\ln(n+1)-\ln n}_{=\ln\left(1+\frac{1}{n}\right)}+\underbrace{\ln(n+2)-\ln n}_{=\ln\left(1+\frac{2}{n}\right)}+\cdots+\underbrace{\ln(n+n)-\ln n}_{=\ln\left(1+\frac{n}{n}\right)}\}$$

$$=\lim_{n\to\infty}\frac{1}{n}\sum_{k=1}^{n}\ln\left(1+\frac{k}{n}\right)$$

$1+\frac{k}{n}$를 x로 하면

$$
\begin{aligned}
x &= 1+\frac{1}{n} \\
&= 1+\frac{2}{n} \\
&= 1+\frac{3}{n} \\
&\vdots \\
&= 1+\frac{n}{n}
\end{aligned}
\quad \xrightarrow{n\to\infty \text{ 이므로}} \quad
\begin{aligned}
x &= 1+\frac{1}{\infty}=1 \\
&= 1+\frac{2}{\infty}=1 \\
&= 1+\frac{3}{\infty}=1 \\
&\vdots \\
&= 1+1=2
\end{aligned}
$$

적분 구간이 1에서 2까지임을 알 수 있다. 그리고 $\frac{1}{n}=dx$이다. 다시 무한급수를 정적분으로 나타내면,

$$
\begin{aligned}
\lim_{n\to\infty}\frac{1}{n}\sum_{k=1}^{n}\ln\left(1+\frac{k}{n}\right) &= \int_1^2 \ln x\,dx \\
&= \Big[x\ln x - x\Big]_1^2 \\
&= (2\ln 2-2)-(1\ln 1-1) \\
&= \ln 2^2 - \ln e = \ln\frac{4}{e}
\end{aligned}
$$

1 대신 $\ln e$로 써서 자연로그의 계산에 썼다

답 $\ln\frac{4}{e}$

넓이의 적분

곡선과 좌표축 사이의 넓이

점이 모이면 선이 되고 선이 모이면 면이 된다. 그리고 면이 모여서 입체도형이 된다. 당연한 이야기인지 모르지만 이것은 적분의 원리이다. 다시 한번 적분의 의미를 생각해보면, 적분은 점을 합하여 선이 되었을 때 그 길이를 구하는 것이 된다. 그렇다면 선이 모여서 면을 이룰 때 이 넓이를 구하는 것도 적분이라고 할 수 있을까? 그렇다. 선이 모이면 그것을 합했을 때 면의 넓이가 된다.

도넛[donut]을 잘게 나누어 보자.

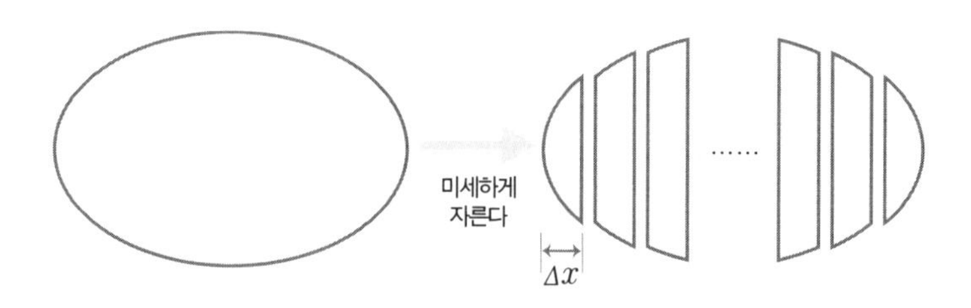

도넛을 미세하게 잘라서 가로의 길이 Δx를 크게 줄이면 가로는 점에 가까워지고 세로는 선분이므로 선분의 모양에 가깝게 된다. 그 선분 하나하나를 $f(x)$로 하자. 이 미세한 선분을 $\int$이라는 수학적 기호를 붙여서 전체를 더한 것이 바로 넓이가 된다.

도넛의 왼쪽을 a, 오른쪽을 b로 하면 그 범위가 정해진 것이고 $\int_a^b f(x)\,dx$로 나타낼 수 있다. 도넛이 수학에서는 타원에 가까우므로 도넛의 장축의 길이와 단축의 길이가 주어진다면 구할 수 있다.

다음으로 정적분에서 넓이는 방향을 나타내었다. x축 위 넓이를 구할 때는 그 넓이가 양$(+)$이며 x축 아래는 그 넓이가 음$(-)$이다.

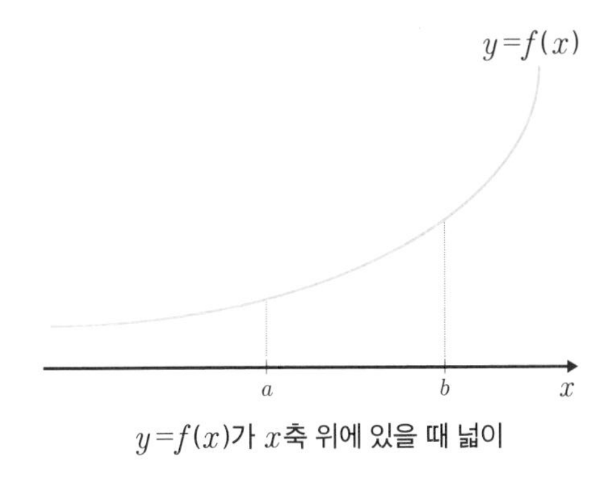

$y=f(x)$가 x축 위에 있을 때 넓이

$y=f(x)$가 x축 위에 있을 때 넓이를 S_1으로 하면

$S_1=\int_a^b f(x)\,dx$가 된다.

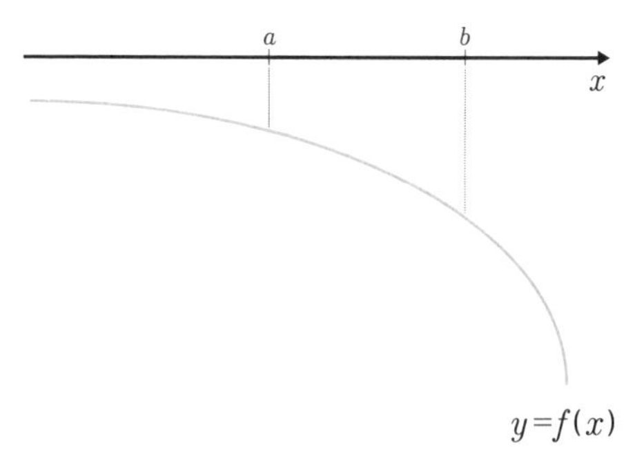

$y=f(x)$가 x축 아래에 있을 때 넓이

$y=f(x)$가 x축 아래에 있을 때 넓이를 S_2로 하면,

$S_2=-\int_a^b f(x)\,dx$가 된다. 음(−)이 붙는 이유는 $\int_a^b f(x)\,dx$를 구하면 음(−)이 되므로 음(−)을 곱하는 것이다.

그렇다면 이런 경우에는 넓이를 어떻게 구할까?

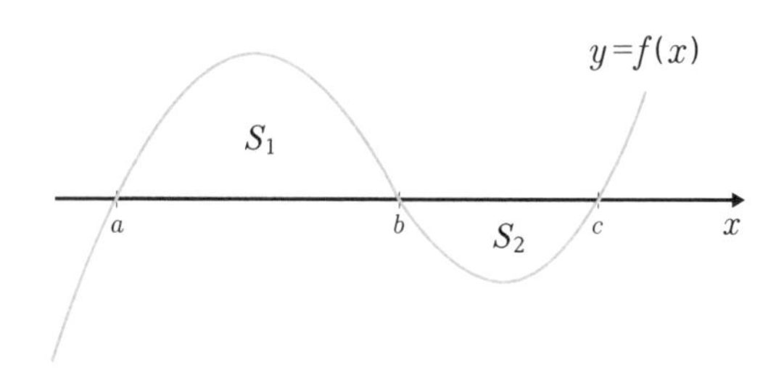

$$S_1+S_2=S_1-S_2=\int_a^b f(x)\,dx-\int_b^c f(x)\,dx$$

음(−)이 붙는다

이것을 달리 $\int_a^b |f(x)|\,dx$로 쓰기도 한다.

이번에는 y축과 이루는 넓이에 대해 알아보자. x축과 이루는 넓이는 $f(x)$가 x축 위에 있을 때 양(+), x축 아래에 있을 때 음(−)이다. 마찬가지로 y축과 이루는 넓이는 $f(x)$가 y축 오른쪽에 있을 때 양(+), y축 왼쪽에 있을 때 음(−)이다.

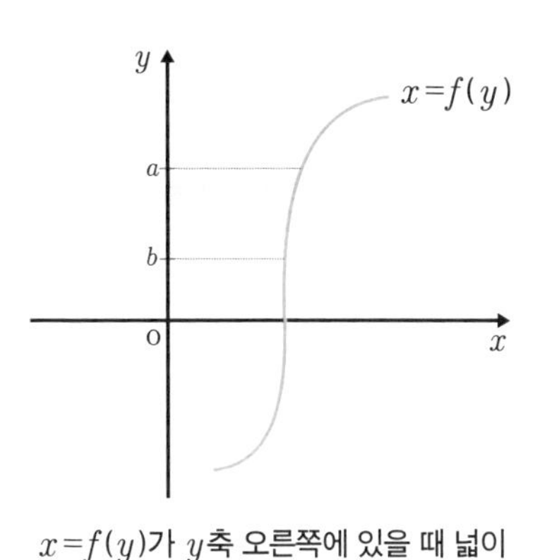

$x=f(y)$가 y축 오른쪽에 있을 때 넓이

$x=f(y)$가 y축 오른쪽에 있을 때 넓이를 S_1으로 하면, $S_1=\int_a^b f(y)\,dy$가 된다. 주의할 것은 $x=f(y)$ 함수를 적분하는 것이므로 dx가 아니라 dy를 써야 한다는 것이다.

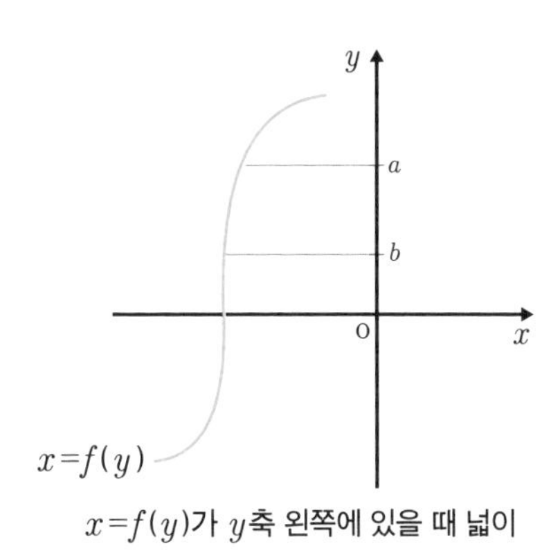

$x=f(y)$가 y축 왼쪽에 있을 때 넓이

$x=f(y)$가 y축 왼쪽에 있을 때 넓이를 S_2으로 하면,

$S_2=-\int_a^b f(y)\,dy$가 된다. 그리고 이 경우에는 두 가지 주의할 점이 있다. $x=f(y)$ 함수를 적분하는 것이므로 dx가 아니라 dy를 써야 한다는 것과 인티그럴 앞에 음(−)이 붙는 것이다.

$x=y^2-2y$와 $x=0$으로 둘러싸인 도형의 넓이를 구해보자. $x=y^2-2y$은 포물선 형태의 함수이므로 $x=(y-1)^2-1$로 바꾼다. 이를 그래프로 그려보면 다음과 같다.

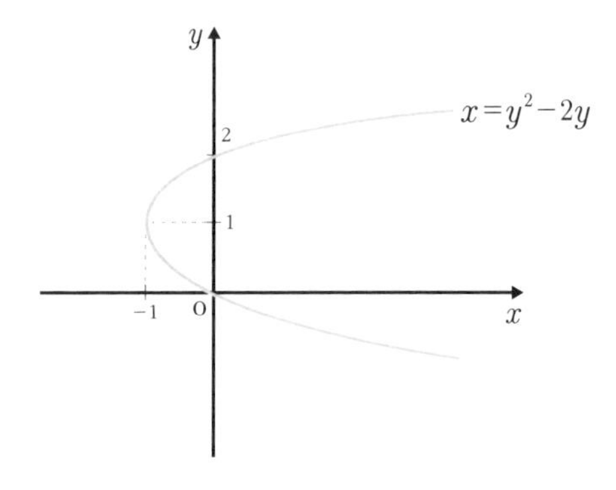

y축 왼쪽에 있으므로 인티그럴 앞에 음수(−)를 붙인다.

이런 경우 $x=(y-1)^2-1$은 $x=y^2$의 그래프를 x축으로 −1, y축으로 1만큼 이동한 그래프인 것을 기억하면서 그린다.

$$-\int_0^2 (y^2-2y)\,dy=-\left[\frac{1}{3}y^3-y^2\right]_0^2=-\left(-\frac{4}{3}\right)=\frac{4}{3}$$

계속해서 $x=y^2-2y+3$과 y축 및 두 직선 $y=-1$, $y=2$로 둘러싸인 부분의 넓이를 구해보자.

$x=y^2-2y+3$은 $x=(y-1)^2+2$로 바꾼다. 그래프를 그리면,

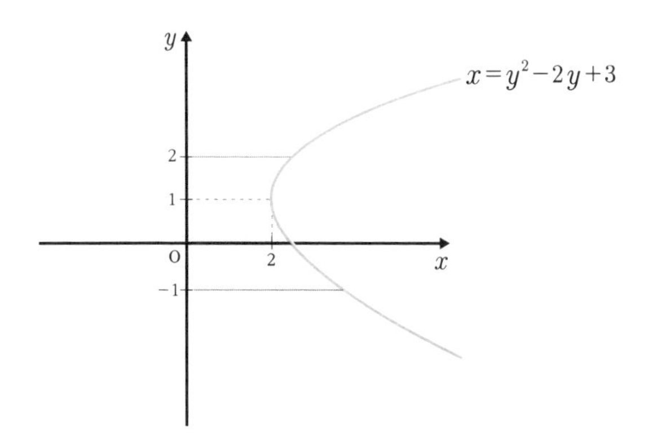

색칠한 부분의 넓이를 구한다는 것을 알 수 있다.

$$\int_{-1}^{2}(y^2-2y+3)\,dy=\left[\frac{1}{3}y^3-y^2+3y\right]_{-1}^{2}$$

$$=\left(\frac{8}{3}-4+6\right)-\left(-\frac{1}{3}-1-3\right)$$

$$=\frac{14}{3}-\left(-\frac{13}{3}\right)$$

$$=9$$

곡선과 원 사이의 넓이

지금까지 곡선과 좌표축 사이의 넓이를 적분으로 구해봤다. 이러한 넓이를 구하기 위해서는 함수를 이해하고 있어야 해결이 가능하다는 것을 알았을 것이다. 그렇다면 포물선과 직선, 원으로 둘러

싸인 넓이 또한 구할 수 있을까? 다음 그림처럼 보기에는 아름답지만 복잡한 도형을 적분하는 것이 과연 쉬울지 걱정스럽겠지만 사실 좌표를 잘 따져보고 각도도 생각해본다면 크게 어렵지는 않다.

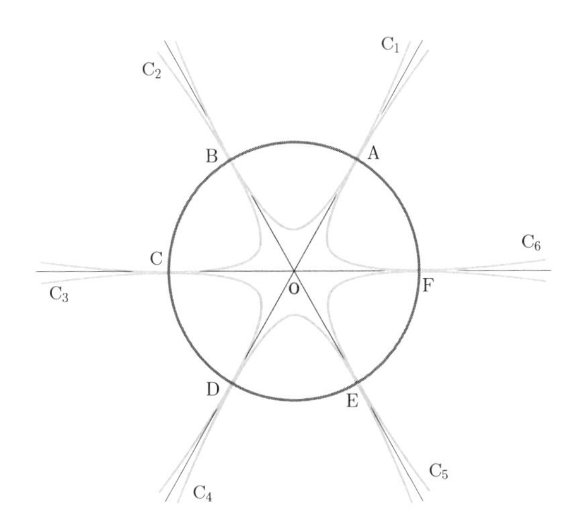

위 그림에서 원에 6개의 포물선과 만나는 아래 부분의 넓이를 어떻게 구할 수 있을까? 이때 원의 반지름의 길이는 1로 한다.

이런 문제는 복잡해 보일지 모르겠지만 이 그림에 제시된 몇 가지만 분석하면 풀 수 있다.

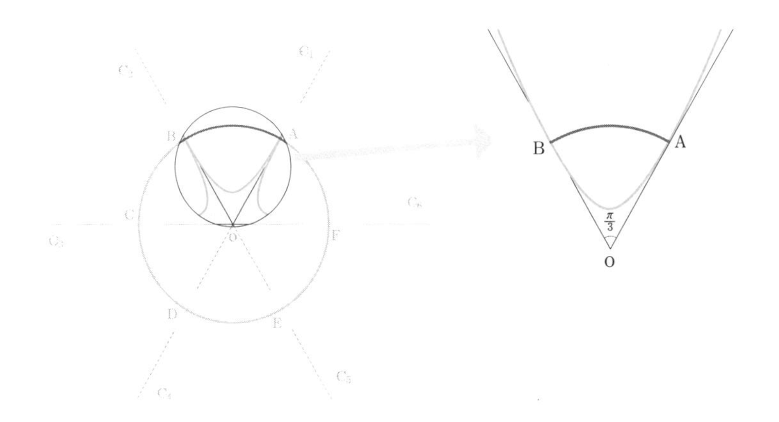

우선 ▽AOB가 6개가 모이면 색칠한 부분이 된다는 것을 알 수 있다. 그러므로 ▽AOB의 넓이를 구하면 된다.

▽AOB의 중심각은 원의 $\frac{1}{6}$이므로 $\frac{\pi}{3}$이다. 즉 $\angle BOA = \frac{\pi}{3}$이다. 계속해서 x축과 y축을 그린 후 이차함수의 그래프를 $y=ax^2+b$로 하면 점 A, 점 B의 좌표를 알 수 있다.

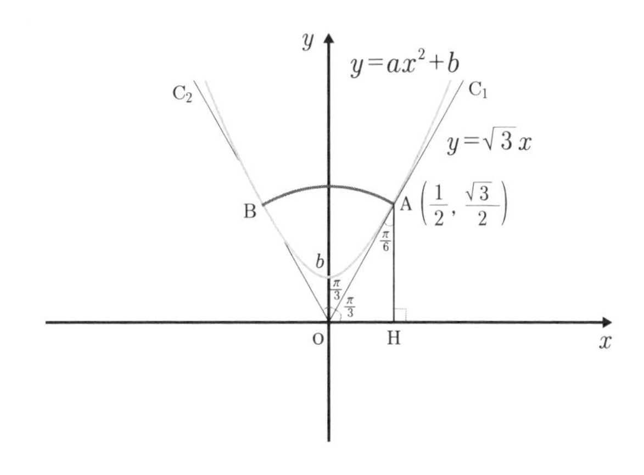

피타고라스의 정리에 의해 $\overline{\mathrm{AO}}$의 길이가 반지름이므로 1, $\overline{\mathrm{OH}}$의 길이는 $\frac{1}{2}$, $\overline{\mathrm{AH}}$의 길이는 $\frac{\sqrt{3}}{2}$이다. $y=ax^2+b$의 점 A에서 기울기 $y'_{x=\frac{1}{2}}=2a$이며 C_1의 기울기 $\sqrt{3}$과 같다. 따라서 $a=\frac{\sqrt{3}}{2}$이다. 점 A를 지나므로 $x=\frac{1}{2}$, $y=\frac{\sqrt{3}}{2}$을 대입하면 $\frac{1}{4}a+b=\frac{\sqrt{3}}{2}$이다.

이를 연립방정식으로 풀면

$a=\frac{\sqrt{3}}{2}$, $b=\frac{3\sqrt{3}}{8}$이다.

즉 $y=\frac{\sqrt{3}}{2}x^2+\frac{3\sqrt{3}}{8}$이다.

점 B는 점 A와 y축에 대해 대칭이므로 $\left(-\frac{1}{2}, \frac{\sqrt{3}}{2}\right)$이다.

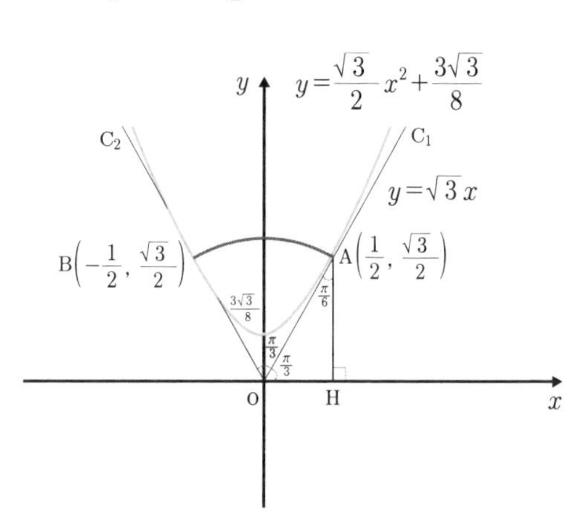

색칠한 부분의 넓이는,

$$\int_{-\frac{1}{2}}^{\frac{1}{2}}\left(\frac{\sqrt{3}}{2}x^2+\frac{3\sqrt{3}}{8}\right)dx-\frac{1}{2}\cdot\frac{1}{2}\cdot\frac{\sqrt{3}}{2}\cdot 2$$

$$=\left[\frac{\sqrt{3}}{6}x^3+\frac{3\sqrt{3}}{8}x\right]_{-\frac{1}{2}}^{\frac{1}{2}}-\frac{\sqrt{3}}{4}$$

$$=\frac{5}{12}\sqrt{3}-\frac{\sqrt{3}}{4}$$

$$=\frac{\sqrt{3}}{6}$$

따라서 구하고자 하는 넓이는 $\frac{\sqrt{3}}{6}\times 6=\sqrt{3}$ 이다.

실력 Up

1 $y=\ln(x+1)$과 y축 및 $y=1$로 둘러싸인 도형의 넓이를 구하여라.

풀이 이 문제를 푸는 방법은 두 가지가 있다. 우선 그래프를 보자.

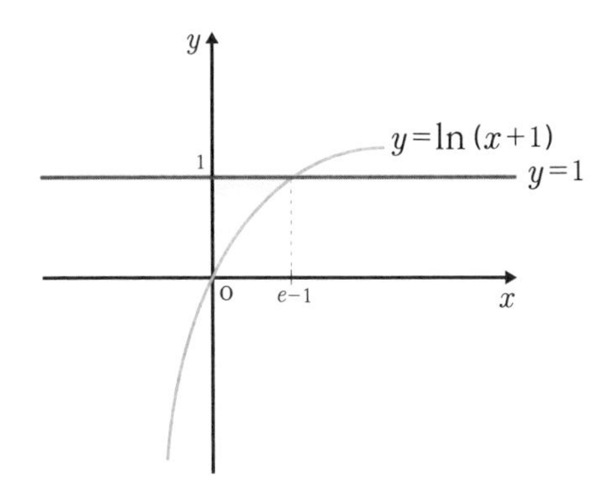

가장 많이 쓰이는 방법은, 구하려는 도형의 넓이가 y축에 붙어있으므로 x를 기준으로 y에 관한 적분을 하는 것이다.

$$\int_0^1 (e^y-1)\,dy=\left[\,e^y-y\right]_0^1$$
$$=e-1-(1-0)$$
$$=e-2$$

또 다른 방법은 y를 기준으로 x에 관한 적분을 하는 것이다. 이 방법은 계산이 조금 더 복잡한데 검토를 해보는 의미에서 풀어보자.

$$(e-1)\cdot 1-\int_0^{e-1}\ln(x+1)\,dx$$

$x+1$을 t로 치환하고 적분 구간을 바꾸면

$$=e-1-\int_1^{e}\ln t\,dt$$

$$=e-1-\Big[t\ln t-t\Big]_1^{e}$$

$$=e-2$$

답 $e-2$

문제 **2** 오른쪽 그림의 색칠한 부분을 적분법을 이용하여 구하여라.

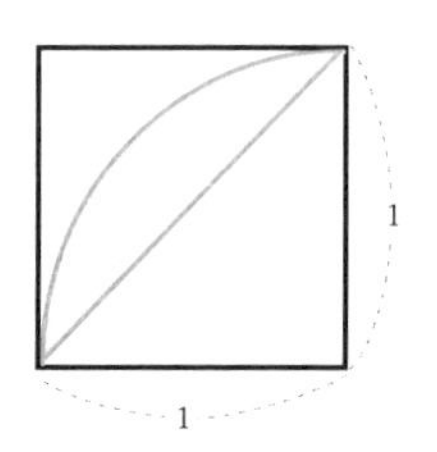

풀이 적분법을 사용하지 않고 중학교 수학 과정으로 풀 수도 있다.

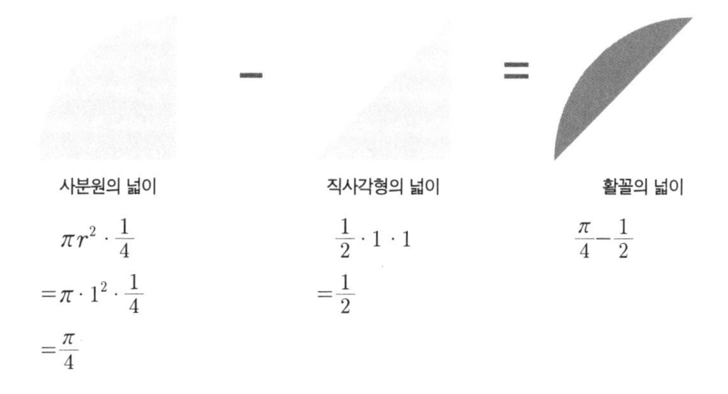

사분원의 넓이	직사각형의 넓이	활꼴의 넓이
$\pi r^2\cdot\dfrac{1}{4}$	$\dfrac{1}{2}\cdot 1\cdot 1$	$\dfrac{\pi}{4}-\dfrac{1}{2}$
$=\pi\cdot 1^2\cdot\dfrac{1}{4}$	$=\dfrac{1}{2}$	
$=\dfrac{\pi}{4}$		

실력 Up

이번에는 적분법으로 넓이를 구해보자.

x축과 y축을 덧붙여서 그래프를 그린 후 문제를 풀어본다.

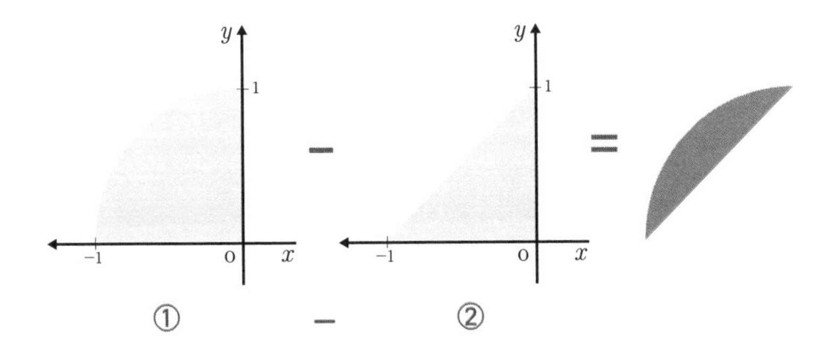

①의 식을 적분법으로 나타낼 때 $x^2+y^2=1$인 원의 $\frac{1}{4}$인 사분원임을 알고 $y=\sqrt{1-x^2}$ 으로 유도해야 한다.

①의 식을 적분법으로 나타내면,

$$\int_{-1}^{0}\sqrt{1-x^2}\,dx=\int_{0}^{1}\sqrt{1-x^2}\,dx$$

삼각치환법에 따라 $x=\sin\theta$를 대입하면

$$=\int_{0}^{1}\sqrt{1-\sin^2\theta}\,dx$$

적분 구간 $x=0$일 때 $\theta=0$, $x=1$일 때 $\theta=\frac{\pi}{2}$로 바꾸어주면

$$=\int_{0}^{\frac{\pi}{2}}\cos\theta dx$$

$\frac{dx}{d\theta}=\cos\theta$를 $dx=\cos\theta\,d\theta$로 바꿔 대입하면

$$=\int_{0}^{\frac{\pi}{2}}\cos\theta\cdot\cos\theta d\theta$$

$$=\int_{0}^{\frac{\pi}{2}} \frac{1+\cos 2\theta}{2}\, d\theta$$

$$=\frac{1}{2}\left[\theta+\frac{1}{2}\sin 2\theta\right]_{0}^{\frac{\pi}{2}}$$

$$=\frac{1}{2}\cdot\frac{\pi}{2}$$

$$=\frac{\pi}{4}$$

②의 식을 적분법으로 나타내면,

$$\int_{-1}^{0}(x+1)\,dx=\left[\frac{1}{2}x^2+x\right]_{-1}^{0}=\frac{1}{2}$$

따라서 구하는 넓이는 ①−②$=\frac{\pi}{4}-\frac{1}{2}$

답 $\frac{\pi}{4}-\frac{1}{2}$

곡선과 직선 사이의 넓이

곡선과 직선 사이의 넓이는 곡선이 직선 위에 있을 때 '곡선－직선'을 구하고, 직선이 곡선 위에 있으면 '직선－곡선'을 구하면 된다. 곡선에 관한 함수를 $f(x)$, 직선에 관한 함수를 $g(x)$로 해서 그래프를 그려보자. 이때의 적분 구간을 $[a, c]$로 한다.

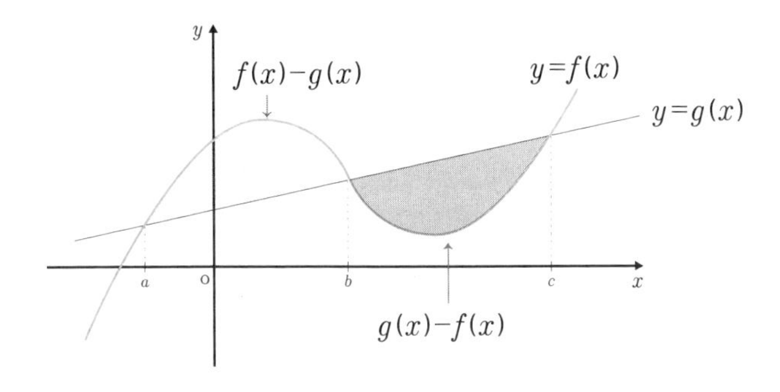

$x=b$인 점을 기준으로 $[a, b]$는 $f(x)-g(x)$를, $[b, c]$는 $g(x)-f(x)$를 구하면 된다.

그림을 토대로 식을 세우면,

$$\int_a^b \{f(x)-g(x)\}dx+\int_b^c \{g(x)-f(x)\}dx$$이다.

$x=y^2+2y-3$과 $x=3y+3$으로 둘러싸인 부분의 넓이를 구해보자. 곡선과 직선의 그래프를 그려보고 두 그래프가 만나는 점을 표시한다.

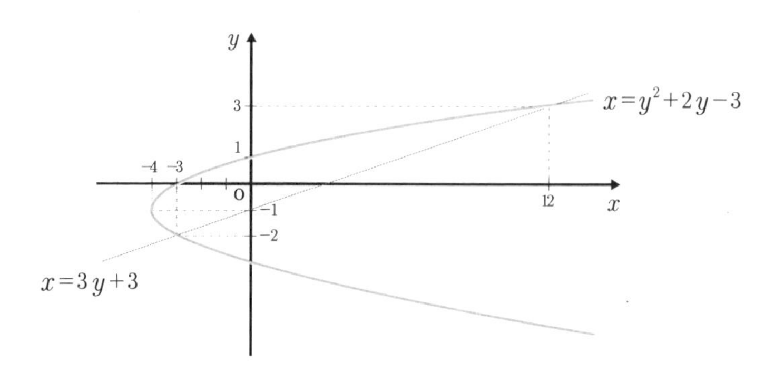

넓이를 구하는 식을 세우면,

$$\int_{-2}^{3}\{(3y+3)-(y^2+2y-3)\}\,dy$$

$$=\int_{-2}^{3}(-y^2+y+6)\,dy$$

$$=\left[-\frac{1}{3}y^3+\frac{1}{2}y^2+6y\right]_{-2}^{3}$$

$$=\left(-9+\frac{9}{2}+18\right)-\left(\frac{8}{3}+2-12\right)$$

$$=\frac{27}{2}-\left(\frac{14}{3}-\frac{36}{3}\right)$$

$$=\frac{27}{2}+\frac{22}{3}$$

$$=\frac{125}{6}$$

$y=x^3-(a+b)x^2+abx$에서 $a<0$, $b>0$이고 x축과 둘러싸

인 두 부분의 넓이가 같다면 a와 b를 구하지 않고도 $a=-b$인 것을 알 수 있다. $y=x^3-(a+b)x^2+abx$를 인수분해하면 $y=x(x-a)(x-b)$이므로 $x=a$ 또는 0 또는 b이다.

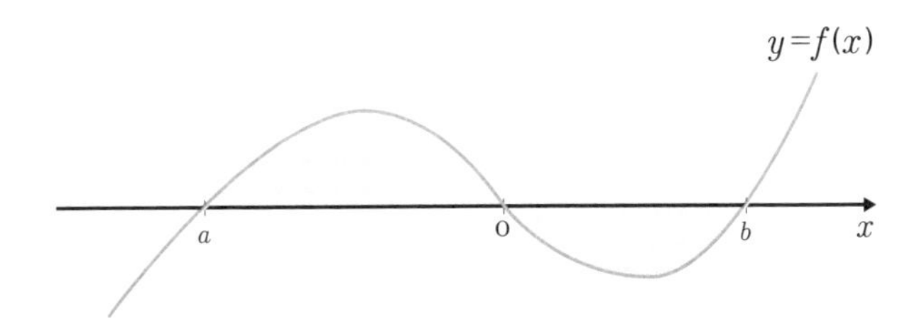

$\int_a^0 y\,dx=-\int_0^b y\,dx$인 것은 이미 알고 있으므로 적분법을 사용하지 않고도 해결할 수 있다. 이 특성은 복잡한 식의 적분법이면 더욱 빨리 풀 수 있는데 쉽게 이해하고 싶다면 그래프를 그리면서 파악하는 것이 중요하다.

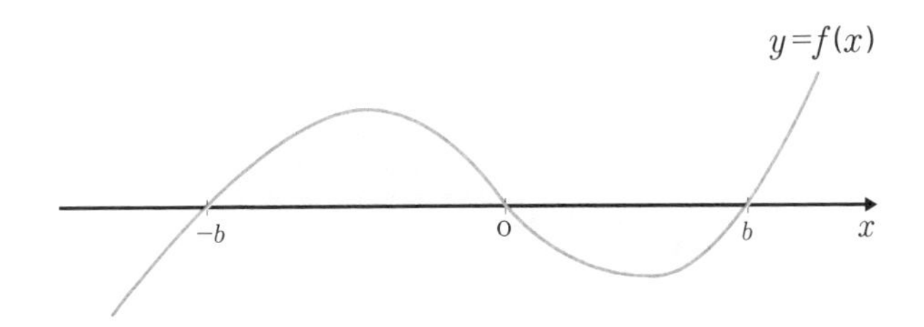

따라서 위의 그래프처럼 a 대신 $-b$로 고쳐서 원점을 기준으로 대칭인 것을 기억한다.

1 그림과 같이 구간 $\left[0, \frac{\pi}{2}\right]$에서 곡선 $y=\cos x$와 직선 $y=a$로 둘러싸인 부분의 넓이가 서로 같을 때, 상수 a의 값을 구하여라.

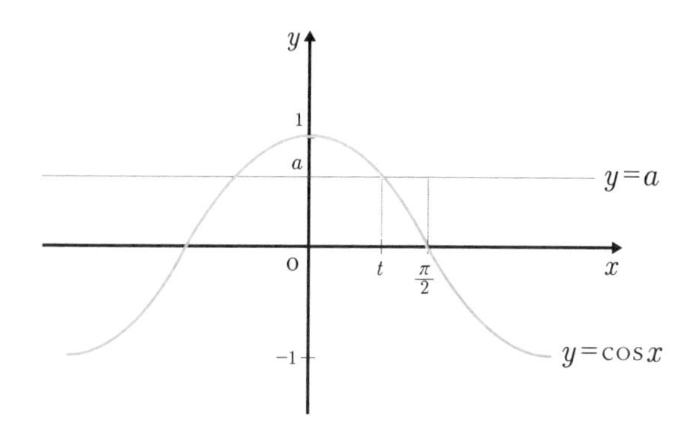

풀이 $y=\cos x$와 $y=a$가 제1사분면에서 만나는 점의 x좌표를 t로 놓고, 색칠한 부분을 각각 ①, ②로 표시한 뒤 '①의 식 = ②의 식'으로 세운다.

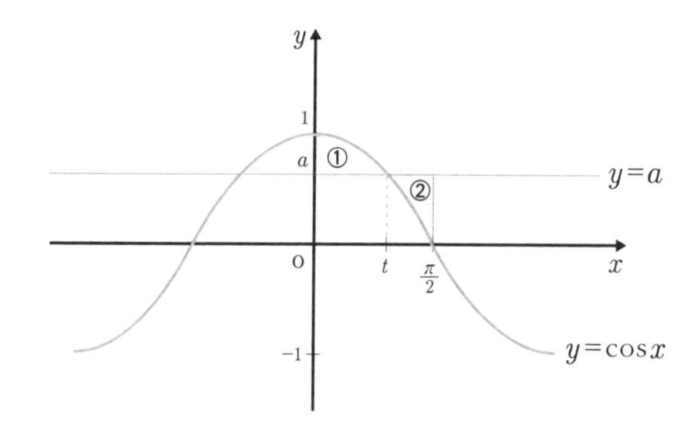

$$\int_0^t (\cos x - a)\,dx = \int_t^{\frac{\pi}{2}} (a - \cos x)\,dx$$

①의 식 = ②의 식

$$\left[\sin x - ax\right]_0^t = \left[ax - \sin x\right]_t^{\frac{\pi}{2}}$$

$$\sin t - at = \left(\frac{\pi a}{2} - 1\right) - (at - \sin t)$$

양변에 $\sin t - at$를 빼면

$$0 = \frac{\pi a}{2} - 1 + 0$$

이항하여 a에 관해 정리하면

$$a = \frac{2}{\pi}$$

답 $a = \frac{2}{\pi}$

2 $\frac{\pi}{4} \le x \le \frac{\pi}{3}$에서 $y = \tan x$와 $y = x$, $x = \frac{\pi}{4}$, $x = \frac{\pi}{3}$에 둘러싸인 도형의 넓이를 구하여라.

풀이 그래프를 그리면 오른쪽과 같다.

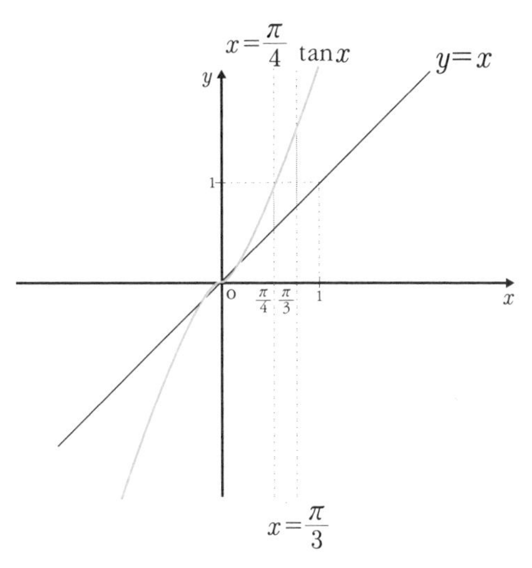

색칠된 부분의 넓이는,

$$\int_{\frac{\pi}{4}}^{\frac{\pi}{3}}(\tan x - x)\,dx = \left[-\ln\cos x - \frac{1}{2}x^2\right]_{\frac{\pi}{4}}^{\frac{\pi}{3}}$$

$$= \left(-\ln\cos\frac{\pi}{3} - \frac{1}{2}\cdot\left(\frac{\pi}{3}\right)^2\right) - \left(-\ln\cos\frac{\pi}{4} - \frac{1}{2}\cdot\left(\frac{\pi}{4}\right)^2\right)$$

$$= -\ln\frac{1}{2} - \frac{\pi^2}{18} + \ln\frac{\sqrt{2}}{2} + \frac{\pi^2}{32}$$

$$= \ln\sqrt{2} - \frac{7\pi^2}{288}$$

$$= \frac{\ln 2}{2} - \frac{7\pi^2}{288}$$

답 $\frac{\ln 2}{2} - \frac{7\pi^2}{288}$

3 $0 \le x \le \frac{\pi}{2}$에서 두 곡선 $y=\sin x$와 $y=\cos x$로 둘러싸인 부분의 넓이를 구하여라.

풀이 해당하는 부분의 넓이를 그리면 ①과 ②를 더하면 된다는 것을 알 수 있다.

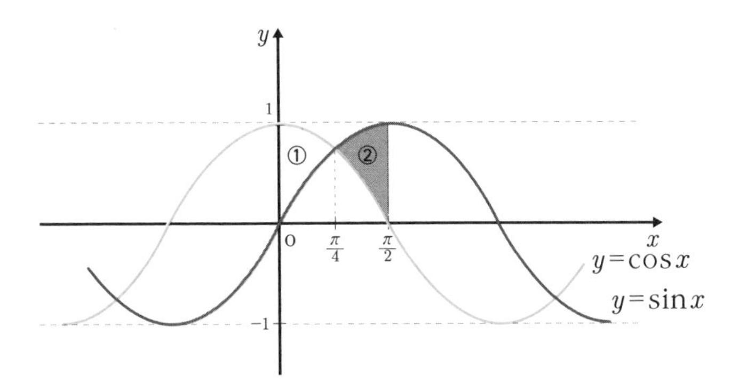

넓이의 식을 세우면

$$\int_0^{\frac{\pi}{4}}(\cos x-\sin x)\,dx+\int_{\frac{\pi}{4}}^{\frac{\pi}{2}}(\sin x-\cos x)\,dx$$

$$=\Big[\sin x+\cos x\Big]_0^{\frac{\pi}{4}}+\Big[-\cos x-\sin x\Big]_{\frac{\pi}{4}}^{\frac{\pi}{2}}$$

$$=\left(\sin\frac{\pi}{4}+\cos\frac{\pi}{4}\right)-(\sin 0+\cos 0)$$

$$+\left(-\cos\frac{\pi}{2}-\sin\frac{\pi}{2}\right)-\left(-\cos\frac{\pi}{4}-\sin\frac{\pi}{4}\right)$$

$$=\frac{\sqrt{2}}{2}+\frac{\sqrt{2}}{2}-1-1+\frac{\sqrt{2}}{2}+\frac{\sqrt{2}}{2}$$

$$=2\sqrt{2}-2$$

답 $2\sqrt{2}-2$

4 $y=\ln 2x$와 $y=-\ln\frac{x}{2}$, $x=e$로 둘러싸인 도형의 넓이를 구하여라.

풀이 이 문제는 함수의 그래프를 그리는 것이 어려울 수 있다. 그런 경우 $y=\ln 2x$는 진수 $2x$를 1이 되게 하면 쉽게 그려진다. 즉 $2x=1$을 만족하는 $x=\frac{1}{2}$을 지나는 자연로그함수를 그리면 되는 것이다.

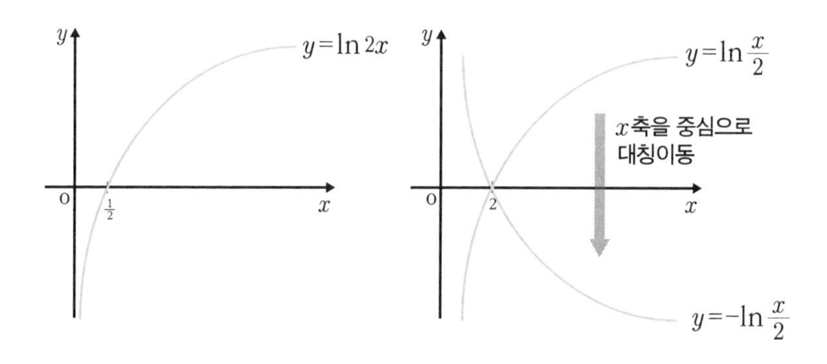

그리고 $y=-\ln\frac{x}{2}$를 그릴 때는 $\ln\frac{x}{2}$를 그린 후 음$(-)$의 부호가 되게 x축을 중심으로 대칭이동한다. 계속해서 진수 $\frac{x}{2}$에 1이 성립하는 $x=2$이므로 x축 위에 2를 표시한 후 그린다.

이제 세 개의 함수를 그려보면 색칠한 부분이 나타난다.

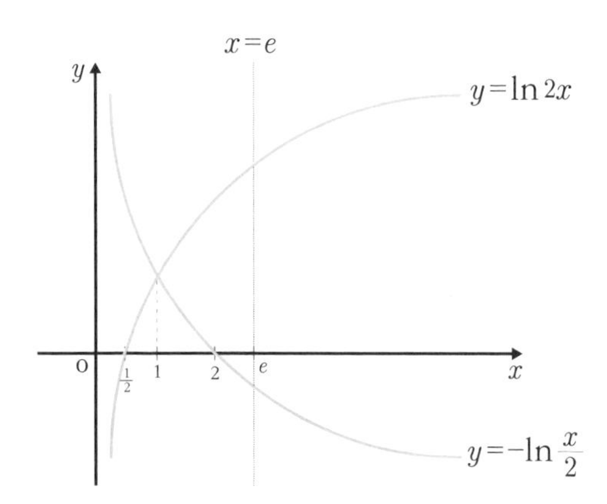

식을 세우면,

$$\int_1^e \left\{ \ln 2x - \left(-\ln\frac{x}{2} \right) \right\} dx = \int_1^e \ln x^2 dx$$

$$= 2\int_1^e \ln x \, dx$$

부분적분법으로 풀면

$$= 2\left[x\ln x - x \right]_1^e$$

$$= 2(e\ln e - e + 1) = 2$$

답 2

5 $0\leq x\leq\pi$일 때 $y=x+\sin x$와 $y=x$로 둘러싸인 도형의 넓이를 구하여라.

풀이 $y=x+\sin x$와 $y=x$를 동치식으로 놓고 풀면 $x=0$ 또는 π이다. 그래프를 그리면 $x=0$ 또는 π에서 만나는 것을 알 수 있다.

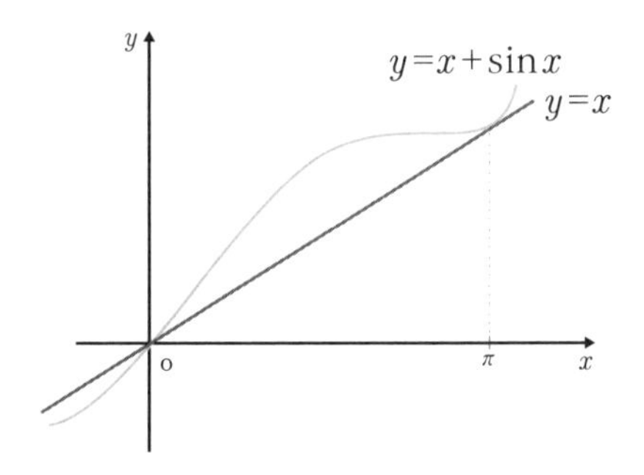

색칠한 고래 모양의 넓이가 구하려는 넓이로, 식을 세운다.

$$\int_0^\pi \{(x+\sin x)-x\}\,dx=-\left[\cos x\right]_0^\pi$$

$$=2$$

답 2

6 $|x|+|y|=2$와 $y=x^2$의 그래프로 둘러싸인 부분의 넓이를 구하여라.

풀이 $|x|+|y|=2$의 그래프는 마름모 모양의 그래프이다.

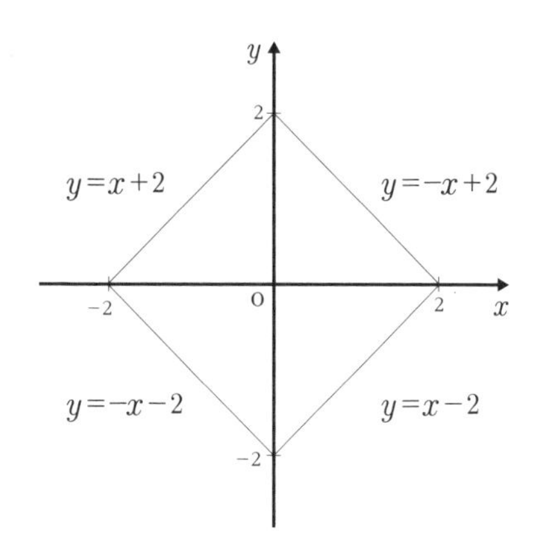

$|x|+|y|=2$ 그래프는 네 개의 직선으로 둘러싸인 그래프이다.

정의역은 $-2\leq x\leq 2$, 치역은 $-2\leq y\leq 2$이다.

이 그래프를 그린 후 $y=x^2$의 그래프와 교점을 구한다.

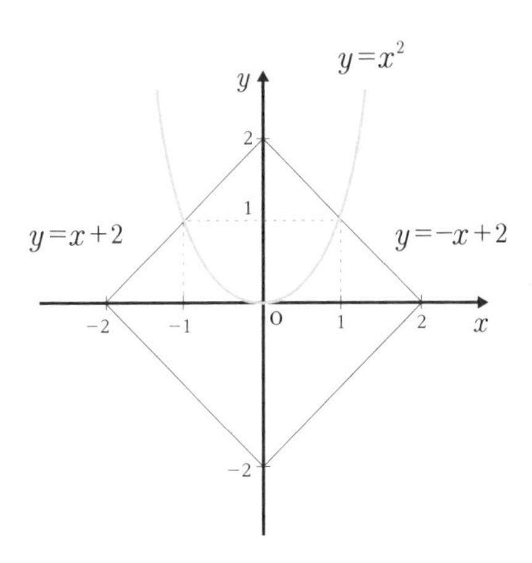

그래프에서 색칠한 부분의 넓이를 구하면 되는데 색칠한 도형이 좌우대칭이므로 오른쪽 도형을 적분한 후 두 배 한다.

$$2\int_0^1 \left\{(-x+2)-x^2\right\}dx=2\int_0^1 (-x^2-x+2)\,dx$$

$$=2\left[-\frac{1}{3}x^3-\frac{1}{2}x^2+2x\right]_0^1$$

$$=2\cdot\left(-\frac{1}{3}-\frac{1}{2}+2\right)$$

$$=2\cdot\frac{7}{6}$$

$$=\frac{7}{3}$$

답 $\frac{7}{3}$

부피의 적분

이 단원에서는 x축을 회전하여 회전체를 만들었는지 y축을 회전하여 회전체를 만들었는지를 알아낸 후 부피를 구하는 방법을 소개하고자 한다.

회전체는 옆면이 곡면이다. 그러므로 밑면은 원이며 회전축에 수직으로 자르면 원 모양의 단면이 나온다. 원뿔과 구는 자르는 단면의 위치에 따라 잘린 원의 넓이가 다르다. 그러나 원기둥의 단면은 항상 합동이다.

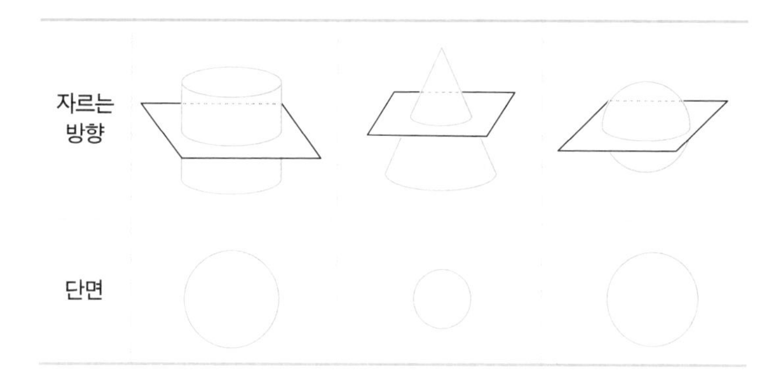

반면에 회전축을 품은 면으로 자르면 그 모양은 다양하다.

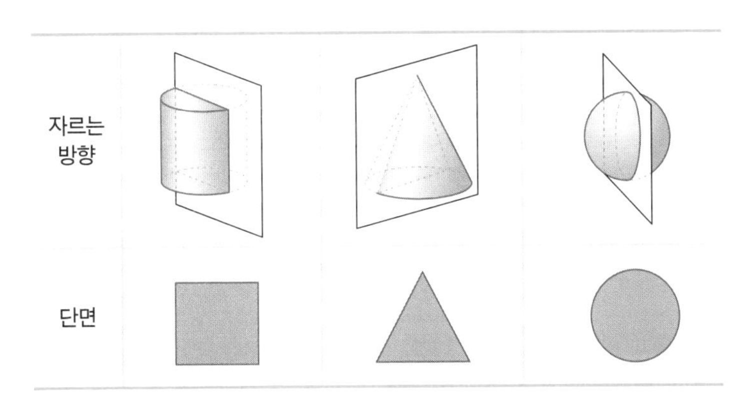

$y=f(x)$ 그래프를 x축을 기준으로 회전하여 나타난 입체도형의 부피를 식으로 구해보자.

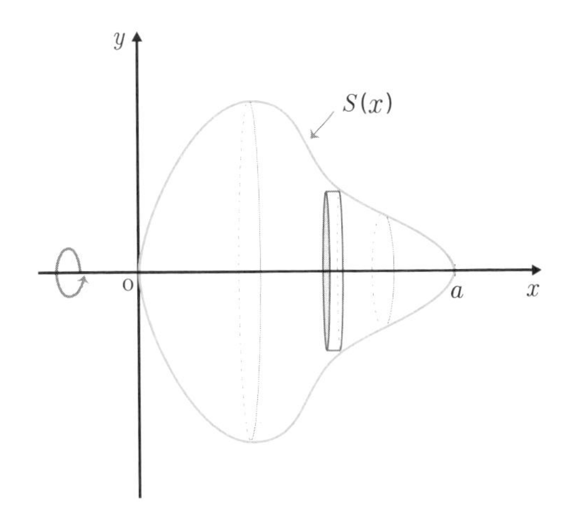

위의 그림처럼 전구 모양의 입체도형은 여러 개의 원기둥을 합한 것과 같다. 원기둥 하나를 표본으로 넓이를 $S(x)$로 하고 구하

면 $S(x)=\pi y^2 \cdot dx$가 된다. 인티그럴을 붙여서 그 넓이를 적분한 식으로 나타내면 $V=\int_0^a S(x)\,dx=\int_0^a \pi y^2 dx$이다.

결국 원기둥의 부피를 적분 구간 $[0, a]$까지 계속 더한 것이 부피가 된다.

여러분 중에는 $S(x)=\pi y^2$이 아니라 πx^2이어야 하지 않냐고 묻고 싶은 분도 있을 것이다. 그렇다면 이렇게 정해지는 기준은 무엇일까?

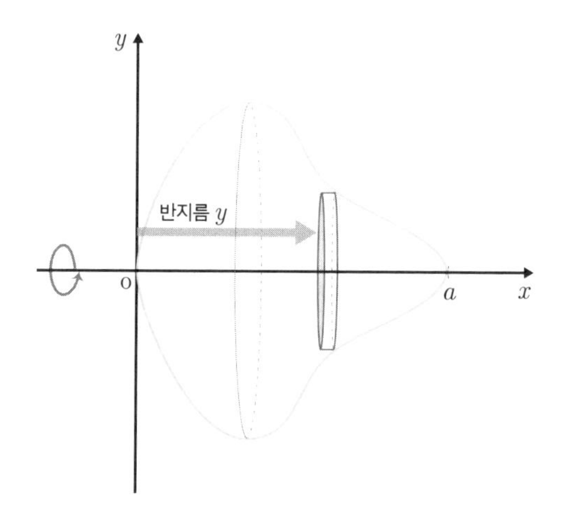

회전체의 반지름이 y축에 평행이면 밑면의 넓이 $S(x)=\pi y^2$이다.

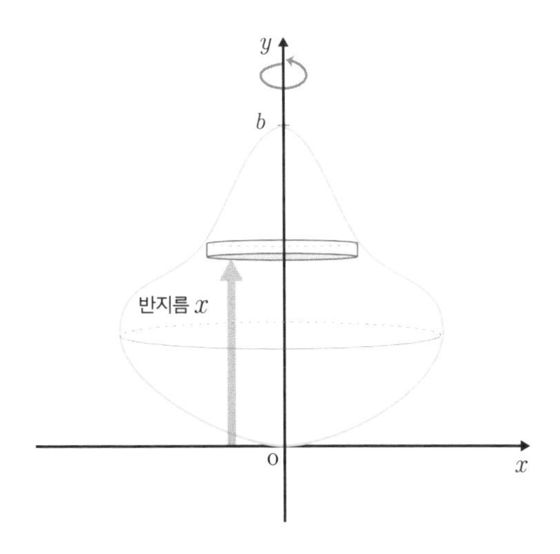

하지만 회전체의 반지름이 x축에 평행이면 밑면의 넓이 $S(x)=\pi x^2$이다.

또한 원기둥에서 생각해야 하는 것은 높이이다. 보통 원기둥은 모양으로 많이 생각하지만 동전처럼 모양인 것도 있다는 것을 기억해두자.

높이는 $\Delta x(dx)$ 또는 $\Delta y(dy)$로 표기하며 여러 등분으로 자를수록 그 높이는 매우 작다. 또 선분에 두께가 있다고 착각하는 사람이 많은데 선분은 길이만 있고 두께는 없다.

이제 원을 회전시켜 구의 부피를 구하는 공식을 유도해보자.

원의 반지름의 길이를 r로 하고 원을 그린 뒤 이 r을 이용하여 좌표를 나타낸다. 이때 원의 방정식 $x^2+y^2=r^2$을 꼭 기억해두자.

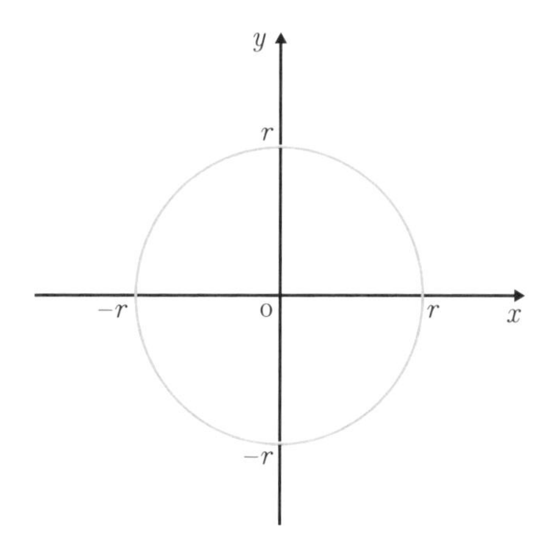

원의 그래프를 그린 후 이번에는 원을 x축 중심으로 회전한다.

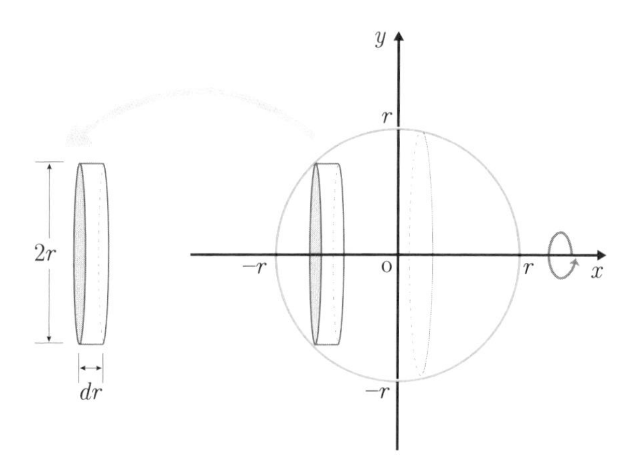

옆으로 세운 원기둥 반지름의 밑면의 넓이는 πr^2이고, 높이는 dx이므로,

$$\pi\int_{-r}^{r} y^2 dx = 2\pi\int_{0}^{r} (r^2 - x^2)\, dx$$

$$= 2\pi\left[r^2 x - \frac{1}{3}x^3\right]_0^r$$

$$= 2\pi\left(r^3 - \frac{1}{3}r^3\right)$$

$$= \frac{4}{3}\pi r^3$$

수영장에 가면 공 모양의 튜브로 물놀이를 하는 모습을 종종 볼 수 있다. 수면이 평평하다는 가정하에서 튜브의 무게는 각기 다르기 때문에 수면에 잠기는 정도도 다르다. 튜브의 남반구 부분이 $\frac{1}{2}$ 잠겼다면 보이는 부분의 부피는 어떻게 될까?

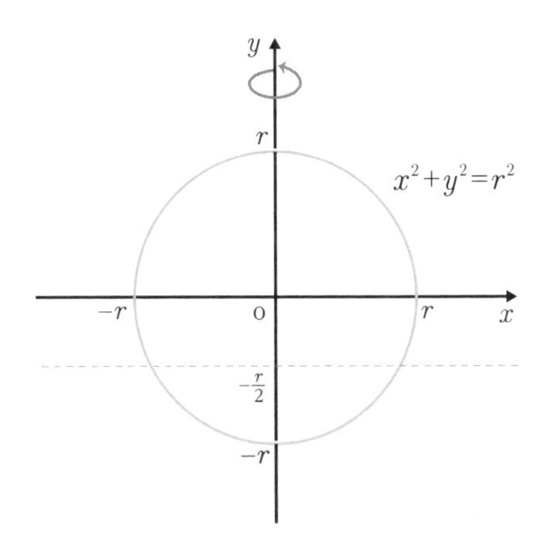

$$\pi\int_{-\frac{r}{2}}^{r} x^2 dy = \pi\int_{-\frac{r}{2}}^{r} (r^2 - y^2)\, dy$$

$x^2 = r^2 - y^2$ 을 대입하면

$$= \pi\left[r^2 y - \frac{1}{3} y^3 \right]_{-\frac{r}{2}}^{r}$$

$$= \pi\left\{\left(r^3 - \frac{1}{3} r^3 \right) - \left(-\frac{r^3}{2} + \frac{r^3}{24} \right)\right\}$$

$$= \pi\left(\frac{2}{3} r^3 + \frac{11}{24} r^3 \right)$$

$$= \frac{9}{8} \pi r^3$$

튜브의 반지름이 수치로 주어지면 수면에 잠긴 부피를 정확하게 구할 수 있다.

두 곡선으로 둘러싸인 도형을 x축으로 회전

두 곡선을 $f(x)$, $g(x)$로 하고 적분 구간이 $[a, b]$일 때 둘러싸인 도형을 회전하여 회전체를 만든다면, 이를 적분하는 식은

$V = \int_a^b \pi \{ (f(x))^2 - (g(x)^2) \} dx$이다.

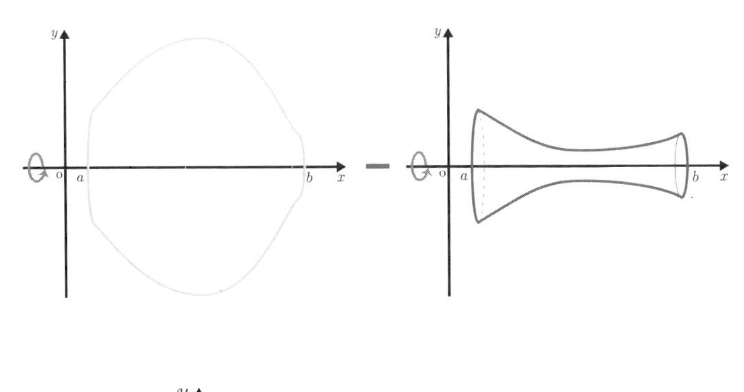

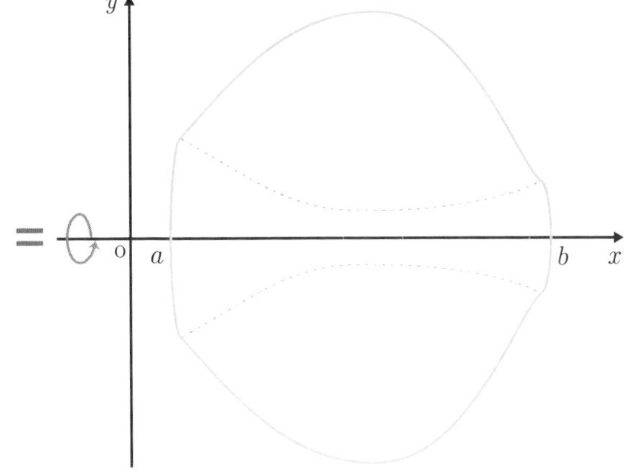

부피를 구할 때는 $f(x)$의 회전체와 $g(x)$의 회전체를 빼준 입체도형을 구해야 한다. 만약 두 곡선의 차를 회전한 입체도형의 부피를 구한다면 $f(x)-g(x)$를 한 후 적분을 하는 것이 아니라 $f(x)$를 회전한 회전체의 부피에서 $g(x)$를 회전한 회전체의 부피를 빼준 것을 구해야 한다.

이제부터 $y=x^3$과 $y=\sqrt{x}$로 둘러싸인 도형을 x축을 둘레로 회전한 부피를 구해보자.

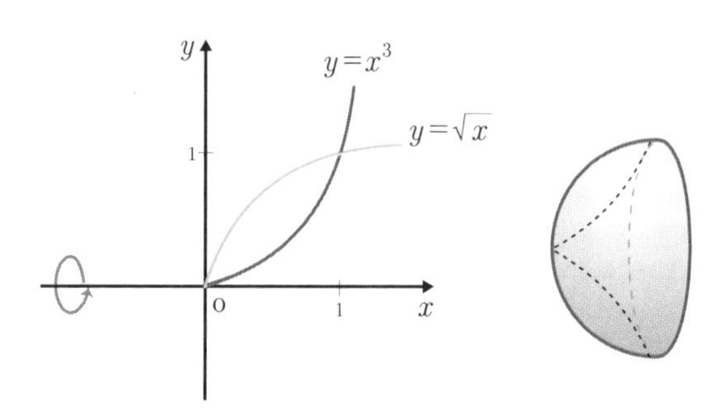

회전한 뒤의 겨냥도는 오른쪽 위의 그림과 같다. 안에 점선이 있는 부분은 비어 있는 상태이다.

입체도형의 부피에 대한 식을 세우면,

$$V=\pi\int_0^1 \left\{ (\sqrt{x})^2-(x^3)^2 \right\} dx=\pi\int_0^1 (x-x^6)\, dx$$

각각 제곱을 한 후 뺀다

$$=\pi\left[\frac{1}{2}x^2-\frac{1}{7}x^7 \right]_0^1$$

$$=\pi\left(\frac{1}{2}-\frac{1}{7} \right)$$

$$=\frac{5\pi}{14}$$

1 곡선 $y=\sin x$ 위에 점 $\mathrm{P}\left(\frac{\pi}{2}, 1\right)$을 정할 때, 곡선 $y=\sin x$ $\left(0\leq x \leq \frac{\pi}{2}\right)$와 $\overline{\mathrm{OP}}$로 둘러싸인 부분을 x축 둘레로 회전했을 때 생기는 회전체의 부피를 구하여라.

풀이 곡선 $y=\sin x$ 위에 점 $\mathrm{P}\left(\frac{\pi}{2}, 1\right)$을 정한 후 그래프와 회전체를 그리면 팽이 모양의 입체도형이 된다. 원점 (0, 0)과 $\mathrm{P}\left(\frac{\pi}{2}, 1\right)$을 지나는 $\overline{\mathrm{OP}}$의 함수를 구하면, $y=\frac{2}{\pi}x$이다.

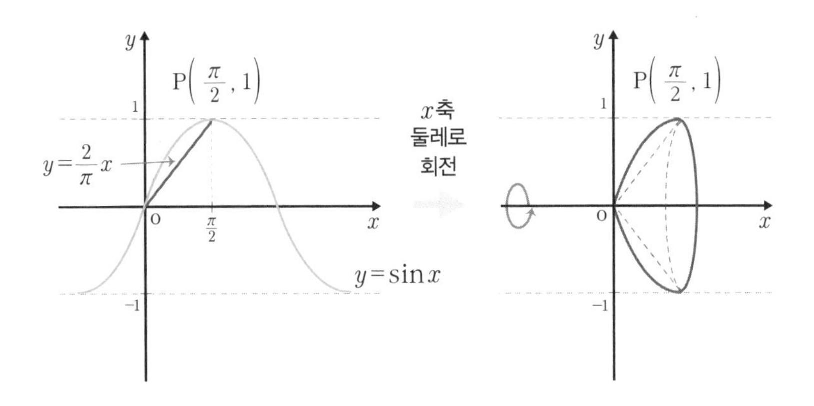

$$\pi\int_0^{\frac{\pi}{2}}\left\{(\sin x)^2-\left(\frac{2}{\pi}x\right)^2\right\}dx$$

$$=\pi\int_0^{\frac{\pi}{2}}\left(\frac{1-\cos 2x}{2}\right)dx-\frac{4}{\pi}\int_0^{\frac{\pi}{2}}x^2dx$$

$$=\frac{\pi}{2}\left[x-\frac{1}{2}\sin 2x\right]_0^{\frac{\pi}{2}}-\frac{4}{\pi}\left[\frac{1}{3}x^3\right]_0^{\frac{\pi}{2}}$$

$$=\frac{\pi^2}{4}-\frac{4}{\pi}\cdot\frac{\pi^3}{24}$$

$$=\frac{\pi^2}{4}-\frac{\pi^2}{6}$$

$$=\frac{\pi^2}{12}$$

답 $\frac{\pi^2}{12}$

여기서 **Check Point**

적분 계산에서 삼차식의 인수분해가 필요할 때가 있다. 삼각함수의 반각공식은 미분과 적분에서 식을 증명할 때나 계산과정에서 많이 나온다.

(1) $\sin^2\frac{\theta}{2}=\frac{1-\cos\theta}{2}$

(2) $\cos^2\frac{\theta}{2}=\frac{1+\cos\theta}{2}$

(3) $\tan^2\frac{\theta}{2}=\frac{1-\cos\theta}{1+\cos\theta}$

문제 1에는 (1)이 쓰였다.

2 원 $x^2+(y-2)^2=1$을 x축 둘레로 회전시킬 때 생기는 회전체의 부피는?

풀이 아래 그림과 같이 색칠한 부분을 회전하여 튜브 모양의 입체 도형의 부피를 구하는 문제이다.

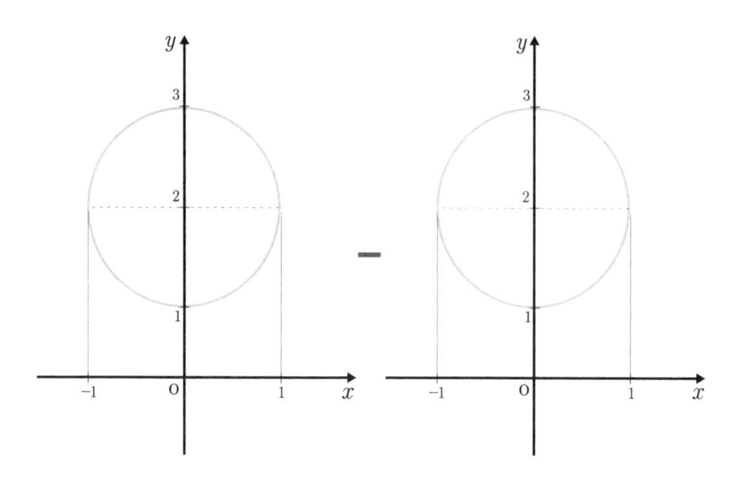

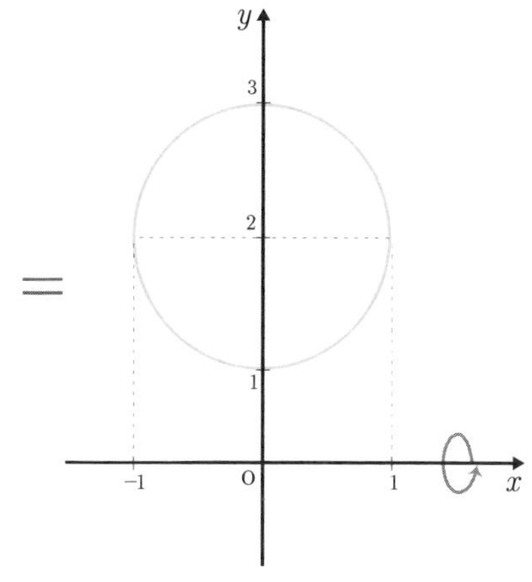

위의 그림처럼 구하려는 도형에 대해 먼저 파악한 후 원의 방정식과 회전체를 생각한다.

먼저 원의 중심을 표시하고 원의 윗부분이 $y=2+\sqrt{1-x^2}$ 인 것과 아랫부분이 $y=2-\sqrt{1-x^2}$ 인 것을 파악한 후 회전한다.

구하려는 부피의 식을 세우면,

$$2\pi\int_0^1\left(2+\sqrt{1-x^2}\right)^2dx-2\pi\int_0^1\left(2-\sqrt{1-x^2}\right)^2dx$$

$$=2\pi\int_0^1 8\sqrt{1-x^2}\,dx$$

$$=16\pi\int_0^1\sqrt{1-x^2}\,dx$$

여기서 $\int_0^1\sqrt{1-x^2}\,dx$에서 $x=\sin\theta$, $\frac{dx}{d\theta}=\cos\theta$이다. 피적분함수 $\sqrt{1-x^2}$ 에 $x=\sin\theta$를 대입하면 $\sqrt{1-\sin^2\theta}=\cos\theta$ 이며 적분 구간은 $\left[0,\ \frac{\pi}{2}\right]$가 된다.

$$\int_0^1\sqrt{1-x^2}\,dx=\int_0^{\frac{\pi}{2}}\cos^2\theta\,d\theta$$

$\cos^2\theta=\frac{1+\cos2\theta}{2}$ 를 대입하면

$$=\int_0^{\frac{\pi}{2}}\left(\frac{1+\cos2\theta}{2}\right)d\theta$$

$$=\frac{1}{2}\int_0^{\frac{\pi}{2}}(1+\cos2\theta)\,d\theta$$

$$=\frac{1}{2}\left[\theta+\frac{1}{2}\sin 2\theta\right]_0^{\frac{\pi}{2}}$$

$$=\frac{\pi}{4}$$

따라서 $16\pi\int_0^1\sqrt{1-x^2}\,dx=16\pi\cdot\frac{\pi}{4}$

$$=4\pi^2$$

답 $4\pi^2$

3 반지름의 길이가 2인 원기둥이 있다. 원기둥에서 밑면과 원점에서 오른쪽으로 45°로 자른 단면이 이루는 도형 중 보다 작은 것의 부피를 구하여라.

풀이 문제에 따라 반지름의 원점에 비스듬히 오른쪽으로 45°로 자른 면을 그린 후 원점에서 반지름이 2인 것을 감안해 x좌표와 y좌표를 표시한다.

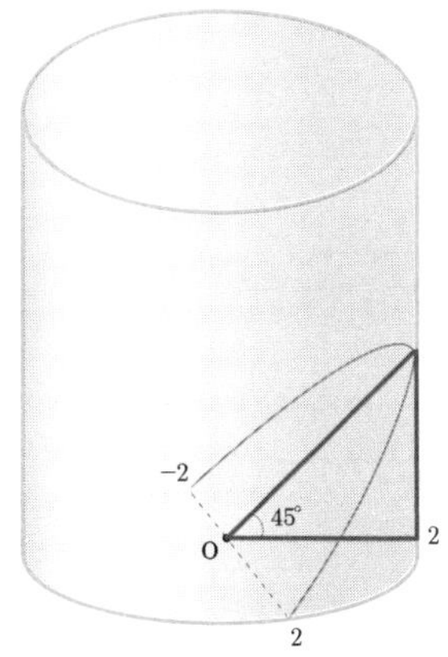

그림을 그려보거나 떠올린 뒤 밑면의 호에서 한 점을 임의로 점 C로 표시한다.

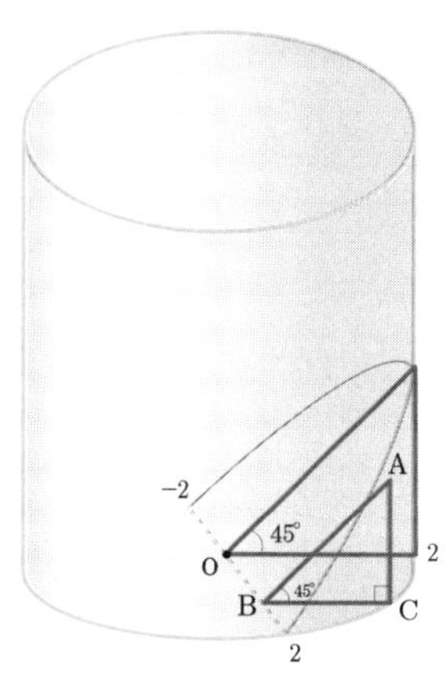

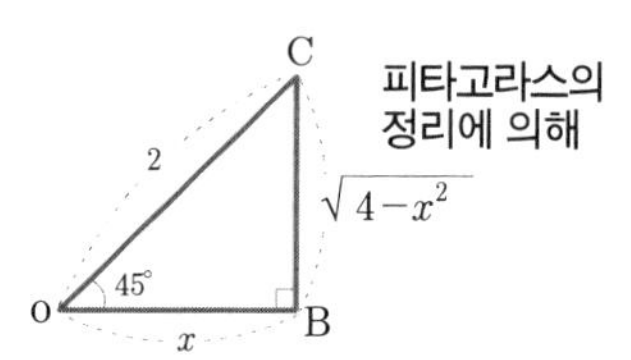

$\overline{OB}$의 길이는 원의 반지름 위에 있는 임의의 길이이므로 x로 한다.

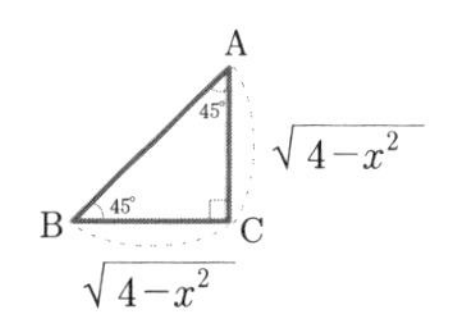

ΔABC가 직각이등변삼각형이므로 $\angle BAC=45°$임을 알 수 있다.

ΔABC를 적분 구간 $[-2, 2]$에서 적분한다.

식을 세우면 ΔABC의 넓이

$S(x)=\frac{1}{2}\left\{\sqrt{4-x^2}\right\}^2=\frac{1}{2}(4-x^2)$이며,

$$V=\int_{-2}^{2}\frac{1}{2}(4-x^2)\,dx$$

$$=2\int_{0}^{2}\frac{1}{2}(4-x^2)\,dx$$

$$=\int_0^2 (4-x^2)\,dx$$

$$=\left[4x-\frac{1}{3}x^3\right]_0^2$$

$$=8-\frac{8}{3}$$

$$=\frac{16}{3}$$

답 $\frac{16}{3}$

문제 4 $y=2x^2$과 $y=x$로 둘러싸인 도형을 x축 둘레로 회전한 부피를 구하여라.

풀이 $y=2x^2$과 $y=x$을 동치식으로 놓고 풀면 $x=0$ 또는 $\frac{1}{2}$이다. 두 함수가 만나는 점을 그래프로 그려보면 원점과 점 $\left(\frac{1}{2}, \frac{1}{2}\right)$에서 만나는 것을 알 수 있다.

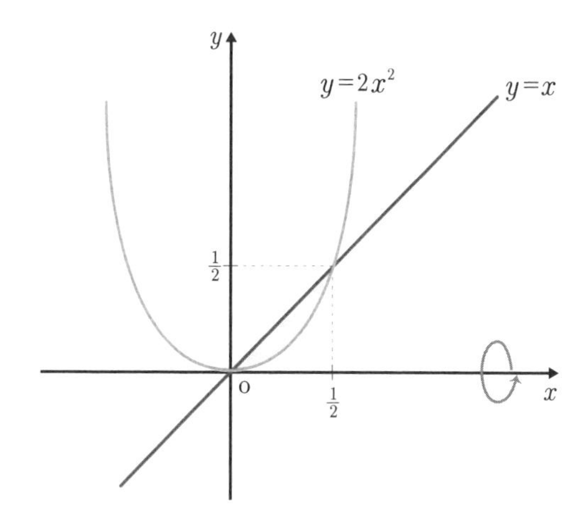

이 그래프에서 색칠한 부분을 x축으로 회전하면 된다.

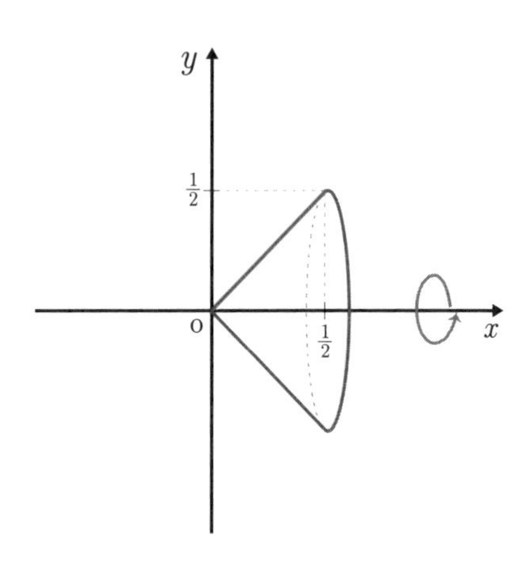

부피에 관한 식을 세우면,

$$\pi\int_0^{\frac{1}{2}} x^2dx-\pi\int_0^{\frac{1}{2}}\left(2x^2\right)^2dx=\pi\left[\frac{1}{3}x^3\right]_0^{\frac{1}{2}}-\pi\left[\frac{4}{5}x^5\right]_0^{\frac{1}{2}}$$

$$=\frac{\pi}{60}$$

답 $\frac{\pi}{60}$

5 $y=\sqrt{2}\sin x$와 $y=\sin x$로 둘러싸인 도형을 x축 둘레로 회전한 부피를 구하여라.

풀이 그래프처럼 속이 빈 핸드볼 모양이 된다. 부피에 관한 식을 세우면,

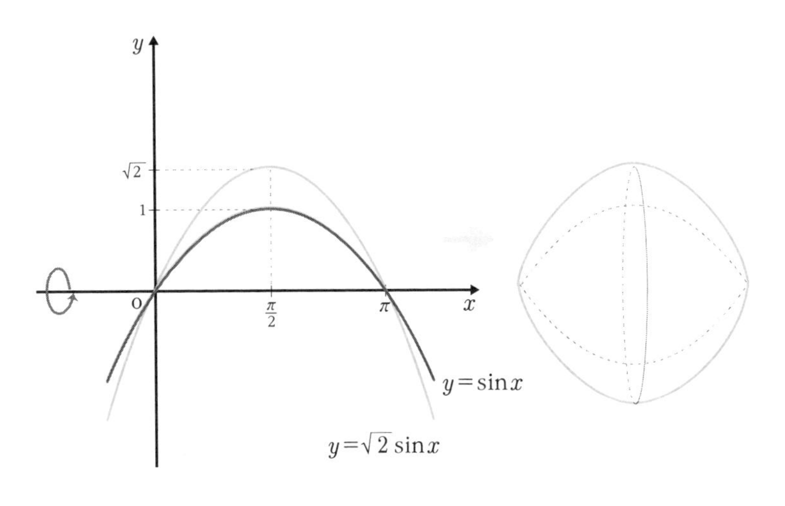

$$V=\pi\int_0^{\pi}\left\{\left(\sqrt{2}\sin x\right)^2-\sin^2 x\right\}dx$$

$$=\pi\int_0^{\pi}\left(2\sin^2 x-\sin^2 x\right)dx$$

$$=\pi\int_0^{\pi}\sin^2 x\,dx$$

$$=\pi\int_0^{\pi}\frac{1-\cos 2x}{2}\,dx$$

$$=\frac{\pi}{2}\int_0^{\pi}(1-\cos 2x)\,dx$$

$$=\frac{\pi}{2}\left[x-\frac{1}{2}\sin 2x\right]_0^{\pi}$$

$$=\frac{\pi^2}{2}$$

답 $\frac{\pi^2}{2}$

두 곡선으로 둘러싸인 도형을 y축으로 회전

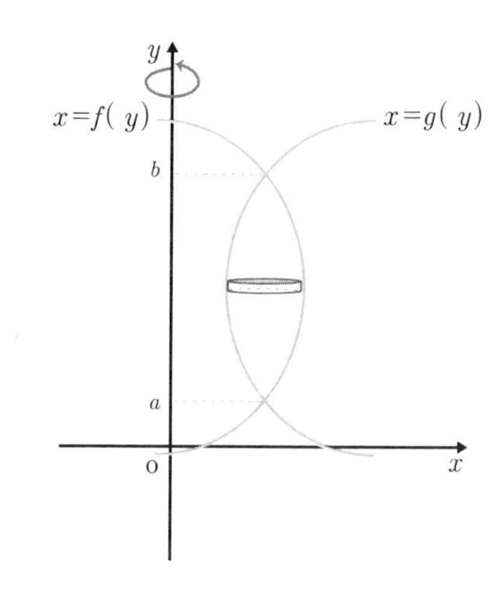

$$V=\pi\int_a^b \left\{f(y)^2-g(y)^2\right\}dy$$

예제를 풀며 좀 더 살펴보자. $y=x^3$과 $y=\sqrt{x}$로 둘러싸인 도형을 y축 둘레로 회전하여 생기는 입체도형의 부피를 구하여라.

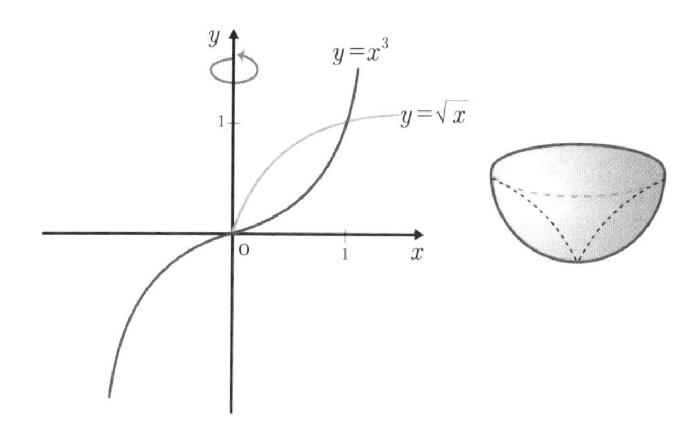

이 경우 $y=x^3$과 $y=\sqrt{x}$를 $x=f(y)$ 형태로 바꾼 후 계산한다.

$y=x^3$

양변에 세제곱근을 씌우면

$y^{\frac{1}{3}}=x$

양변을 바꾸면

$x=y^{\frac{1}{3}}$ …①

$y=\sqrt{x}$

양변을 제곱하면

$y^2=x$

양변을 바꾸면

$x=y^2$ …②

①의 식과 ②의 식을 부피 계산에 대입하면,

$$V=\pi\int_0^1\left(y^{\frac{2}{3}}-y^4\right)dy$$

$$=\pi\left[\frac{3}{5}y^{\frac{5}{3}}-\frac{1}{5}y^5\right]_0^1$$

$$=\pi\left(\frac{3}{5}-\frac{1}{5}\right)$$

$$=\frac{2\pi}{5}$$

속도, 거리의 적분

직선운동

직선운동에서 위치함수를 미분하면 속도함수가, 속도함수를 미분하면 가속도 함수가 된다. 적분은 거꾸로 가속도 함수를 적분하면 속도함수가, 속도함수를 적분하면 위치함수가 된다.

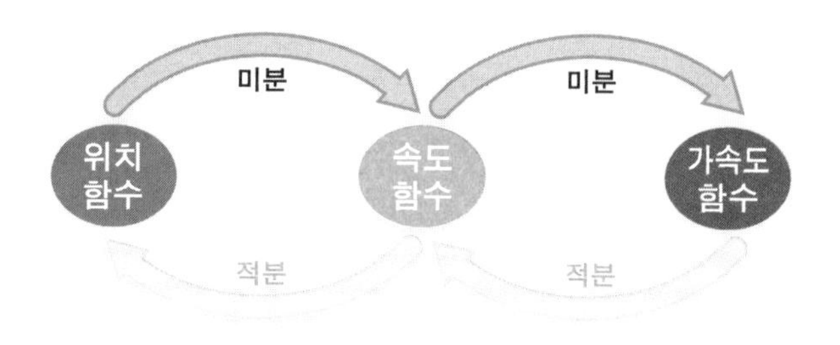

속도함수는 시간 t에 따른 함수로, $v(t)$로 나타낸다. 위치함수는 속도함수를 적분한 $\int v(t)dt$로 계산이 된다.

직선운동 위에서 속도와 가속도가 등속운동인지 등가속도운동인지에 따라 그래프는 다르게 나타난다.

등속운동은 속도가 일정하기 때문에 가속도가 0이다.

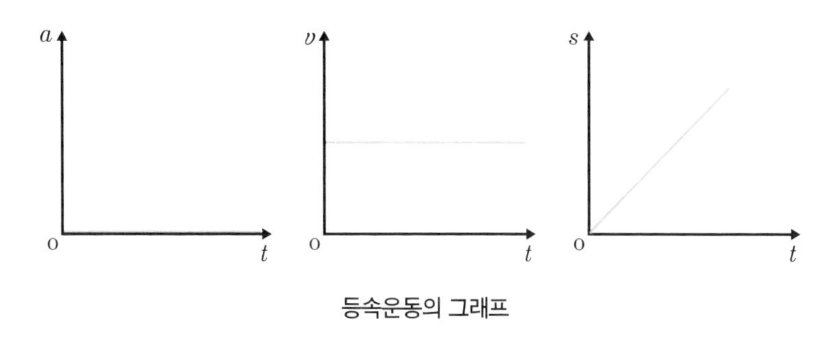

등속운동의 그래프

가속도를 적분하면 속도가 된다. 속도를 적분하면 거리가 된다.

수학적 해석 0을 적분하면 상수식이 된다. 상수식을 적분하면 일차식이 된다.

기호를 나타낼 때 시간은 t, 가속도는 a, 속도는 v로 한다.

등속운동뿐만 아니라 직선운동은 가속도, 속도, 거리에 관한 그래프를 기본으로 그려야 한다. 첫 번째 그래프는 등속운동이므로 가속도의 변화가 없고 0으로 유지된다. 두 번째 그래프는 속도가 일정하여 등속운동을 나타내며, 세 번째 그래프는 일정한 속도로 나아가기 때문에 이동거리 s는 시간 t에 따라 일정하게 증가한다.

위의 그래프는 과학에서 설명하는 분석 이외에도 수학적 해석을 나타내고 있다. 여기에서 이야기하는 수학적 해석은 0을 적분하면 상수식이 된다는 것이다. 상수식은 $y=k$(k는 모든 실수)인 함수로, 거꾸로 생각하면 상수식을 미분하면 0이다. 또 상수식을 적분하면 일차함수가 되는 것도 알 수 있다. 이 수학적 해석은 수리적으로 함수식을 검토할 때 매우 중요한 절차이다. 예를 들어 일차식에서 적분했는데 삼차식이 되었다면 그래프도 잘못되었지만 수식도 문제가 있는 것이다.

이제 등가속도운동의 그래프를 보자. 등가속도운동은 가속도가 0이 아닌 일정한 상수값을 가져야 하는데 $a>0$, $a<0$인 경우로 나누어 생각한다. $a>0$일 때 가속도, 속도, 거리의 그래프를 보자.

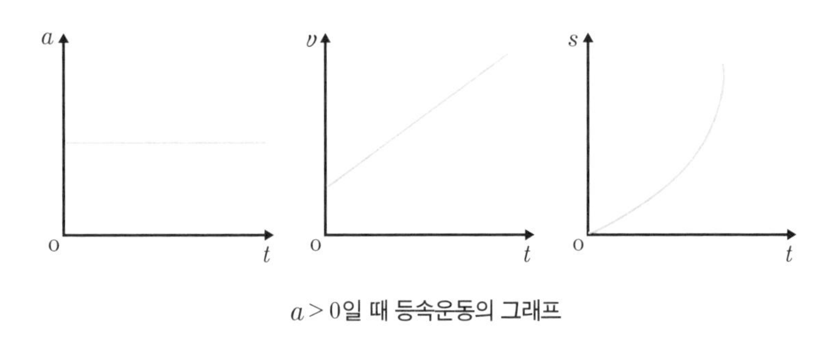

$a>0$일 때 등속운동의 그래프

가속도를 적분하면 속도가 된다. 속도를 적분하면 거리가 된다.

상수식을 적분하면 일차식이 된다. 일차식을 적분하면 이차식이 된다.

가속도가 일정할 때는 시간에 따라 속도가 증가한다. 그리고 거리는 급증한다. 수학적 해석으로는 가속도가 $a>0$인 상수식이므로 이를 적분하면 일차식이 된다. 그리고 일차식을 적분하면 거리의 이차식이 나타난다. 시간에 따른 속도가 증가하기 때문에 세 번째 그래프처럼 이차식의 형태가 되는 것이다.

$a<0$일 때 가속도, 속도, 거리의 그래프를 보자.

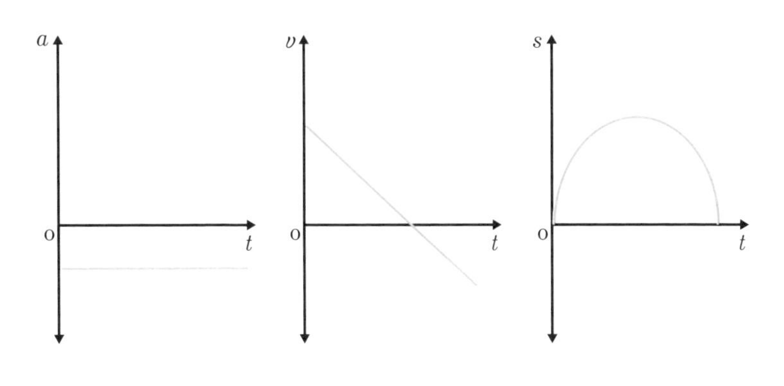

$a<0$일 때 등속운동의 그래프

가속도를 적분하면 속도가 된다.　　속도를 적분하면 거리가 된다.

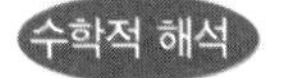

상수식을 적분하면 일차식이 된다.　　일차식을 적분하면 이차식이 된다.

가속도가 음수일 때 물체는 서서히 멈추려고 하기 때문에 시간과 속도에 관한 그래프에서 속도가 0이 되는 점이 존재한다. 그리고 이동거리는 세 번째 그래프처럼 극점에 이르다가 서서히 감소한다. 등가속도운동에서의 음의 등가속도운동은 브레이크를 밟아서 차가 멈추는 단계를 보여준다.

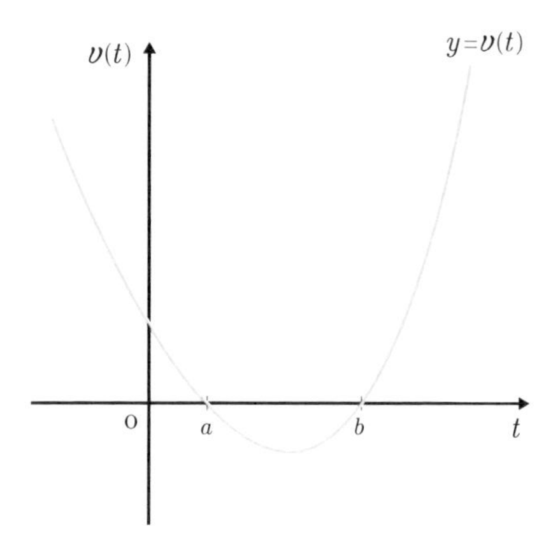

$y=v(t)$ 함수는 속도가 감소하다가 x가 a인 점에서 양(+)의 방향에서 음(−)의 방향으로 바뀐다. 그리고 x가 b인 점에서 다시 양(+)으로 바뀌게 된다. 이러한 속도함수를 적분하면,

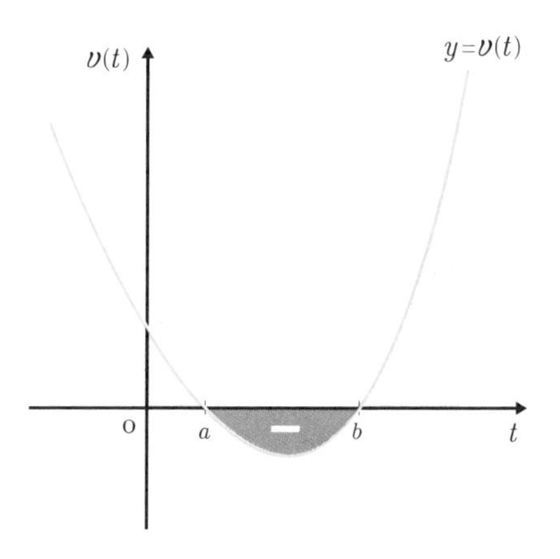

색칠한 부분과 같이 움직인 거리가 넓이로 나타난다. x축 위의 양(+)과 음(−)에 관계없이 넓이를 모두 더한 것은 위치함수의 넓

이로서 운동거리를 나타낸다. 즉 얼마나 움직였는지 나타낸 것이다. 반면에 양(+)과 음(−)의 거리를 모두 더한 것은 변위를 나타낸다.

한편 $x=0$에서 a까지일 때 $y=v(t)$와 $x\geq a$일 때 $y=c$인 함수가 시간 0에서 b까지 움직일 때의 그래프를 살펴보자.

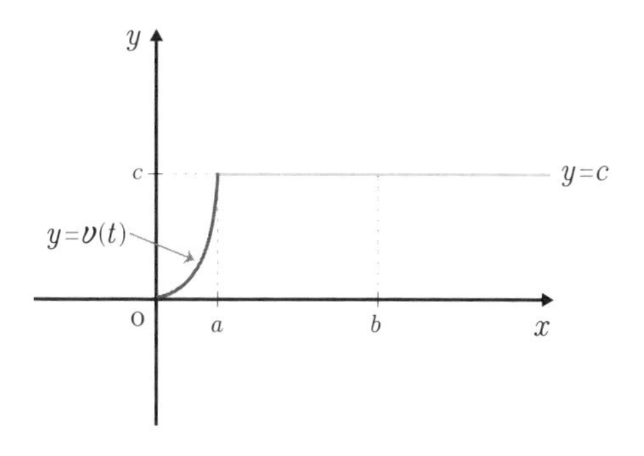

$y=v(t)$는 곡선의 그래프이며 원점인 출발점에서 a 시간까지 급하게 증가하는 것을 나타낸다. 즉 가속도운동을 하는 것이다. a 시간 이후는 등속도 운동을 한다.

구간 $[0, b]$의 운동거리를 계산하려면 $y=v(t)$와 $y=c$를 두 개의 구간으로 나누어 적분한다.

$\int_0^a v(t)\,dt+\int_a^b c\,dt$를 계산하면 되는 것이다.

여기서 우리가 알게 되는 것이 있다. 그래프에서 $[a, b]$ 구간이 $y=c$에 둘러싸인 사각형을 보자.

위의 그래프에서 x축은 시간이고, y축은 속도이다. 색칠한 부분은 사각형의 넓이이다. 사각형의 넓이는 가로×세로이므로 시간×속력으로 쓸 수 있다. 이때 중요한 것은 이 사각형이 거리라는 것이다. 그렇다면 아마 생각나는 것이 있을 것이다. 방정식 활용을 풀 때 자주 나오는 거리=속력×시간이라는 공식인데, 이 그래프로 거리에 관한 공식이 증명되었다. 단 차이가 있다면 방정식은 식을 세울 때 변위를 따지지 않으므로 속도 대신 속력을 쓴다.

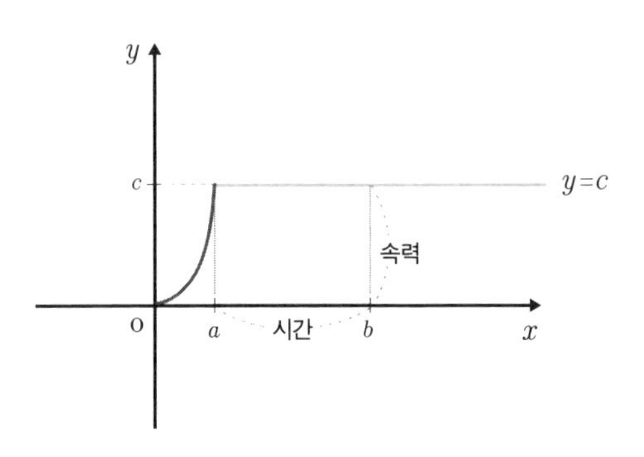

이번에는 그래프를 분석하는 방법을 알아보자. 그래프를 분석하는 것은 수치적인 계산도 중요하지만 그래프의 변화를 한 눈에 파악하여 운동을 확인하는 것이다. 그래프의 민감도도 같이 알아볼 수 있다.

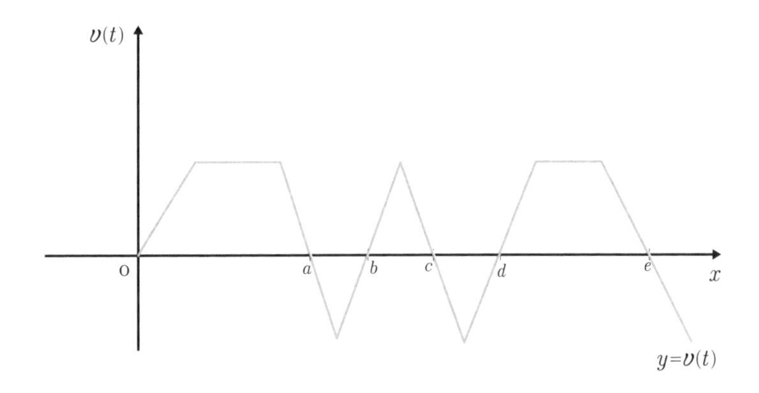

$y=v(t)$는 $x=a$부터 구간에 따라 속도가 변하는 함수이다. 이러한 그래프에서 직선운동을 했을 때를 분석하면, x축 위의 사다리꼴이나 삼각형을 적분하면 움직인 거리가 된다는 것이다. x축 아래의 삼각형은 움직인 거리이지만 반대 방향으로 나간 거리이다.

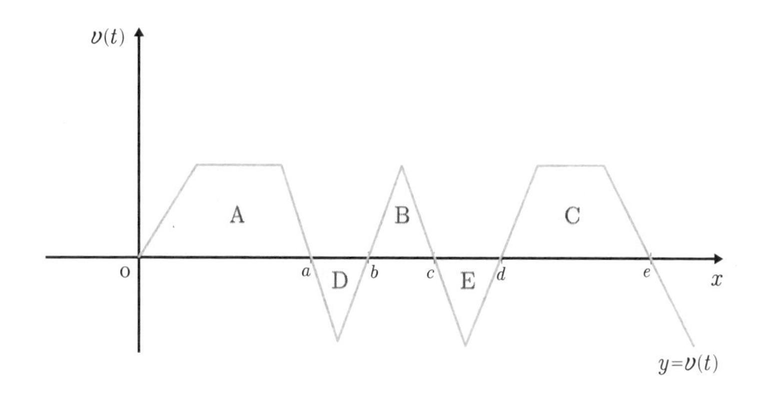

도형 A+B+C−(D+E)는 변위를 구한 것이고, 도형 A+B+C+D+E는 운동거리를 구한 것이다. 방향을 바꾼 시각은 a, b, c, d, e 시각이다. x축을 중심으로 양(+)에서 음(−)으로 가거나 음(−)에서 양(+)으로 변한 것을 찾으면 된다.

1 점 P가 원점을 출발해 t초 후 속도함수는 $v(t)=-3t^2-10t+14$이다. 이 속도로 수직선 위를 통과하는 점 P가 있다. 점 P가 원점을 출발한 후 다시 원점까지 되돌아오는 시간은 몇 초 후 인가?

풀이 $v(t)=-3t^2-10t+14$이면 위치함수

$$f(t)=\int v(t)\,dt$$

$$=\int(-3t^2-10t+14)\,dt$$

$$=-t^3-5t^2+14t+C$$ 이다.

원점에서 출발하므로 t가 0일 때는 $f(0)=0$에서 $C=0$이다.

따라서 $f(t)=-t^3-5t^2+14t=0$

인수분해하면

$$=-t(t-2)(t+7)=0$$

t는 양수이므로 $t=2$

답 2초 후

문제 2 $t \geq 0$일 때 $y=f'(t)$인 함수를 나타낸 그래프는 다음과 같다.

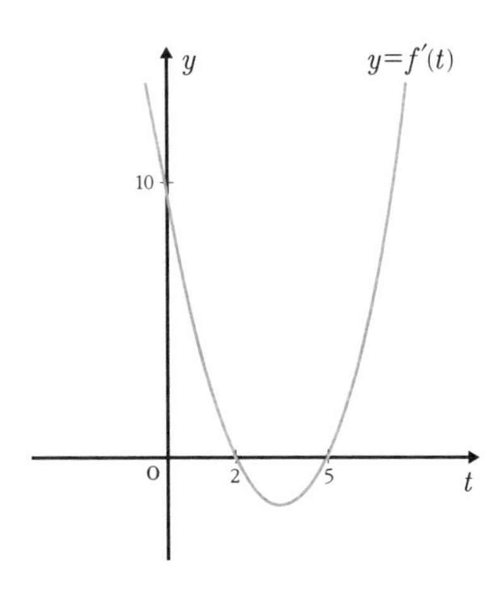

처음으로 반대 방향으로 움직인 거리를 d로 했을 때 $10d$의 값을 구하여라.

풀이 $y=f'(t)$의 그래프는 시간 t에 따른 속도함수이다. 이 그래프의 식을 구하기 위해 점 (2, 0), 점 (5, 0), 점 (0, 10)을 대입한다.

$$y=a(t-\alpha)(t-\beta)$$

$\alpha=2,\ \beta=5,\ t=0,\ y=10$을 대입하면

$$10=a(0-2)(0-5)$$

$$a=1$$

따라서 $y=t^2-7t+10$이다.

여기서 처음으로 반대 방향으로 움직인 거리는 $2 \leq t \leq 5$이므로

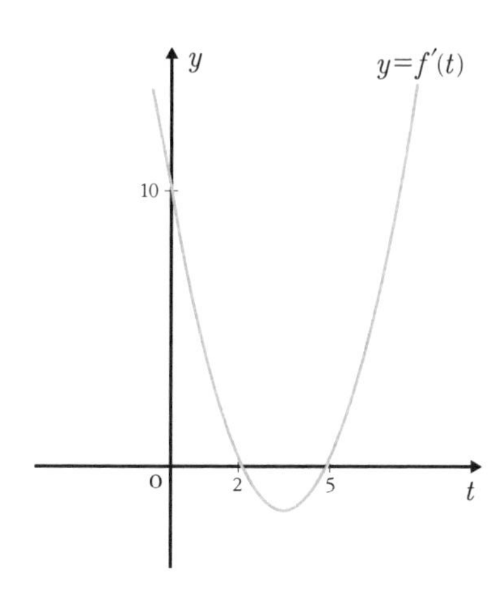

색칠한 부분이 d이므로,

$$-\int_{2}^{5} f'(t)\,dt = -\int_{2}^{5} (t^2-7t+10)\,dt$$

$$= -\left[\frac{1}{3}t^3 - \frac{7}{2}t^2 + 10t\right]_2^5$$

$$= -\left\{\left(\frac{125}{3} - \frac{175}{2} + 50\right) - \left(\frac{8}{3} - 14 + 20\right)\right\}$$

$$= \frac{9}{2}$$

$$10d = 10 \times \frac{9}{2} = 45$$

답 45

여기서 Check Point

$y=ax^2+bx+c$에서 두 근이 α, β일 때
넓이 $S=\frac{|a|}{6}(\beta-\alpha)^3$이 성립한다.

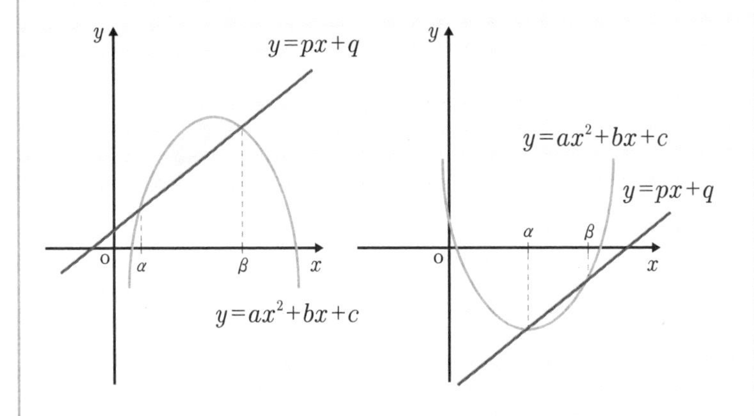

여기서 공식이 성립할 때 $y=px+q$는 공식에 반영되는 문자가 없다. 그래프를 나타내기 위한 직선이라는 것을 알 수 있으며, 문제 **2**에서는 이 직선이 x축이므로 역시 공식에는 반영되지 않는다.

문제 3 점 P의 시각 t에서 속도 $v(t)=\begin{cases} 2t^3 & (0\le t\le 1) \\ -5t+7 & (t\ge 1) \end{cases}$ 이면 $t=0$에서 2초 후 운동거리와 변위를 각각 구하여라.

풀이 그래프를 그리면,

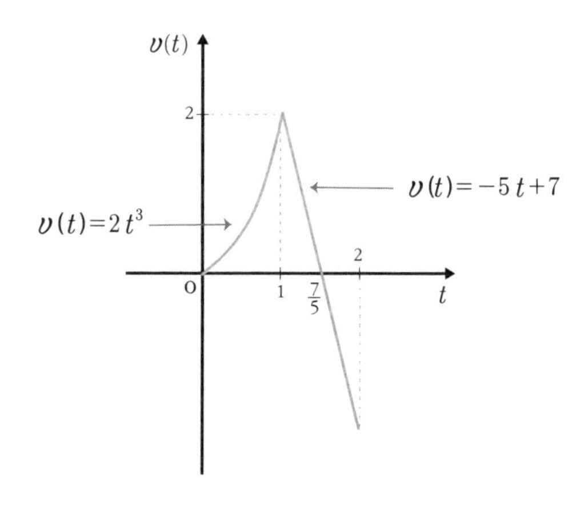

적분구간 $\left[0, \frac{7}{5}\right]$은 적분을 하면 양수가,

적분구간 $\left[\frac{7}{5}, 2\right]$는 음수가 나온다. 운동거리를 구할 때는

적분구간 $\left[\frac{7}{5}, 2\right]$에서 음수$(-)$를 붙여 계산하고, 변위를 구

할 때는 그냥 적분구간에 따른 식으로 나누어 계산한다.

$$\text{운동거리}=\int_0^1 2t^3dt+\int_1^{\frac{7}{5}}(-5t+7)\,dt+\int_{\frac{7}{5}}^2 -(-5t+7)\,dt$$

$$=\left[\frac{1}{2}t^4\right]_0^1+\left[-\frac{5}{2}t^2+7t\right]_1^{\frac{7}{5}}+\left[\frac{5}{2}t^2-7t\right]_{\frac{7}{5}}^2$$

$$=\frac{1}{2}+\left\{\left(-\frac{5}{2}\right)\cdot\left(\frac{7}{5}\right)^2+7\cdot\frac{7}{5}-\left(-\frac{5}{2}\cdot 1+7\cdot 1\right)\right\}$$

$$+\left\{\frac{5}{2}\cdot 2^2-7\cdot 2-\left(\frac{5}{2}\cdot\left(\frac{7}{5}\right)^2-7\cdot\frac{7}{5}\right)\right\}$$

$$=\frac{1}{2}+\frac{2}{5}+\frac{9}{10}$$

$$=\frac{9}{5}$$

$$\text{변위}=\int_0^1 2t^3dt+\int_1^{\frac{7}{5}}(-5t+7)\,dt+\int_{\frac{7}{5}}^2(-5t+7)\,dt$$

$\int_1^2(-5t+7)\,dt$로 한번에 써도 무관하다

$$=\left[\frac{1}{2}t^4\right]_0^1+\left[-\frac{5}{2}t^2+7t\right]_1^{\frac{7}{5}}-\left[\frac{5}{2}t^2-7t\right]_{\frac{7}{5}}^2$$

$$=\frac{1}{2}+\left\{\left(-\frac{5}{2}\right)\cdot\left(\frac{7}{5}\right)^2+7\cdot\frac{7}{5}-\left(-\frac{5}{2}+7\right)\right\}$$

$$-\left\{\frac{5}{2}\cdot 2^2-7\cdot 2-\left(\frac{5}{2}\cdot\left(\frac{7}{5}\right)^2-7\cdot\frac{7}{5}\right)\right\}$$

$$=\frac{1}{2}+\frac{2}{5}-\frac{9}{10}$$

$=0$

이 문제에서 알 수 있듯이 운동거리는 항상 양수이다. 변위가 0이므로 출발하여 원위치로 온 것이다.

답 운동 거리$=\frac{9}{5}$, 변위$=0$

문제 4 다음 그림은 자동차가 움직일 때 시간에 따른 속도 변화를 나타낸 그래프이다. 이 그래프에서 설명이 옳은 것을 보기 에서 골라라.

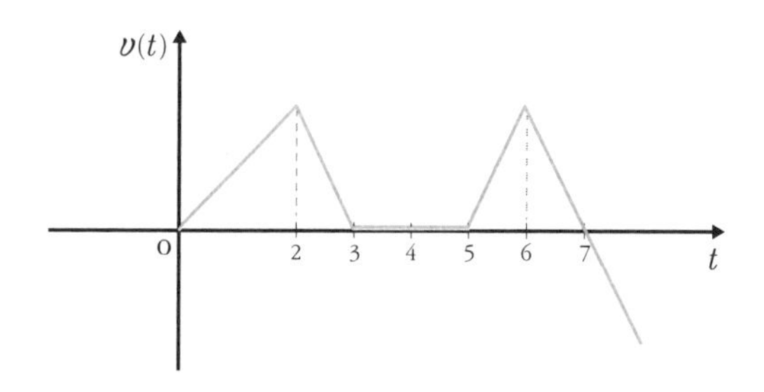

보기 (1) 2초에서 3초 사이에 자동차가 멈추었다.

(2) 6초에 방향을 바꾸었다.

(3) 속도가 증가한 시간은 출발할 때부터 2초 사이, 4초부터 5초 사이이다.

(4) 방향을 두 번 바꾸었다.

(5) 출발할 때부터 7초까지의 변위를 구하려면 0초에서 3초 사이 속도와 5초와 7초 사이 속도를 적분해 더하면 된다.

풀이 (1) 2초에서 3초 사이에 자동차가 멈춘 것이 아니라 3초부터 5초 사이에 멈추었다. 자동차가 멈춘 시간은 속도의 그래프가 x축 위를 움직일 때이다.

(2) 6초에 방향을 바꾼 것이 아니라 7초에 바꾸었다.

(3) 속도가 증가한 시간은 출발할 때부터 2초 사이, 5초에서 7초 사이이다.

(4) 방향은 7초에 한번 바꾸었다. 방향을 바꾼 것은 x축 아래에 있는 부분이 몇 군데인지 파악하면 알 수 있다.

답 (5)

문제 5 x축 위를 움직이는 점 P의 시각 t에서 속도 $v(t)$가 $v(t)=e^{-t}+3$으로 주어질 때, $t=0$에서 $t=2$까지 점 P의 움직인 거리는?

풀이 $v(t)=e^{-t}+3$이므로

$$\begin{aligned}\text{움직인 거리}&=\int_0^2 (e^{-t}+3)\,dt\\&=\left[-e^{-t}+3t\right]_0^2\\&=-e^{-2}+6-(-1)\\&=7-\frac{1}{e^2}\end{aligned}$$

답 $7-\frac{1}{e^2}$

평면운동에서 거리

평면 위를 움직이는 점을 나타낼 때는 벡터를 이용해 점이 이동한 궤적을 그린다.

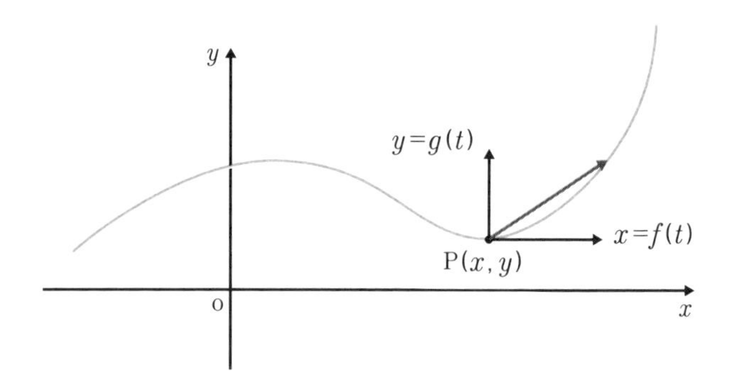

곡선의 길이는 잴 수가 없기 때문에 적분을 이용해 구하는 방법을 생각한다. 가운데 화살표처럼 움직이면 매개함수 $x=f(t)$와 $y=g(t)$에 의해 영향을 받게 된다.

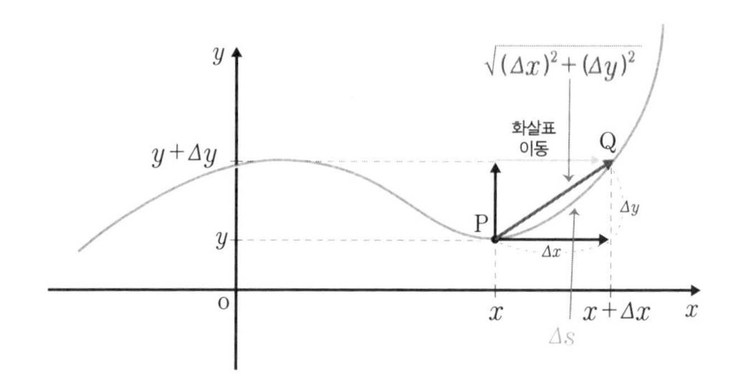

위의 그림처럼 매개변수가 t부터 $t+\Delta t$까지 변하면 점 $P(x, y)$는 점 $Q(x+\Delta x, y+\Delta y)$까지 움직인다. Δt가 그래프에서 점으로

보이지 않을 정도로 작아지면 Δs는 $\overline{\mathrm{PQ}}$의 길이와 거의 같게 된다.

이때 $\dfrac{\Delta s}{\Delta t}=\lim_{\Delta t \to 0}\dfrac{\Delta s}{\Delta t}=\lim_{\Delta t \to 0}\dfrac{\sqrt{(\Delta x)^2+(\Delta y)^2}}{\Delta t}$

$$=\lim_{\Delta t \to 0}\sqrt{\left(\frac{\Delta x}{\Delta t}\right)^2+\left(\frac{\Delta y}{\Delta t}\right)^2}$$

$$=\sqrt{\left(\frac{dx}{dt}\right)^2+\left(\frac{dy}{dt}\right)^2}$$

따라서 $s=\displaystyle\int_a^b\sqrt{\left(\frac{dx}{dt}\right)^2+\left(\frac{dy}{dt}\right)^2}\,dt$

이에 따라 평면 위를 움직이는 점 $\mathrm{P}(x, y)$의 시각 t에서 $x=f(t)$, $y=g(t)$로 주어질 때, 시각 $t=a$부터 b까지 점 P가 움직인 거리 s는 다음과 같다.

$$s=\int_a^b\sqrt{\left(\frac{dx}{dt}\right)^2+\left(\frac{dy}{dt}\right)^2}\,dt=\int_a^b\sqrt{\{f'(t)\}^2+\{g'(t)\}^2}\,dt$$

여기서 s 대신 d^{distance}(거리)로 표기해도 무관하다.

그리고 곡선 $y=f(x)$가 x는 a에서 b일 때

길이 $l=\displaystyle\int_a^b\sqrt{1+\{f'(x)\}^2}\,dt$이다.

이는 $x=t$로서 어느 임의의 점이며, $y=f(t)$로 $x=t$에 대응되는 점이다.

실력 Up

문제 1 좌표평면 위를 움직이는 점 P(x, y)는 시각 t에서 함수 $x=\cos\frac{\pi}{2}t$, $y=\frac{\pi}{2}t+\sin\frac{\pi}{2}t$로 나타낸다. $t=0$에서 1까지 움직인 거리를 구하여라.

풀이 $t=a$에서 b일 때 움직인 거리 $s=\int_a^b \sqrt{(x')^2+(y')^2}\,dt$이므로

우선 $x=\cos\frac{\pi}{2}t$일 때 $\frac{dt}{dx}=-\frac{\pi}{2}\sin\frac{\pi}{2}t$,

$y=\frac{\pi}{2}t+\sin\frac{\pi}{2}t$일 때 $\frac{dy}{dt}=\frac{\pi}{2}+\frac{\pi}{2}\cos\frac{\pi}{2}t$이다.

$$s=\int_0^1 \sqrt{\left(-\frac{\pi}{2}\sin\frac{\pi}{2}t\right)^2+\left(\frac{\pi}{2}+\frac{\pi}{2}\cos\frac{\pi}{2}t\right)^2}\,dt$$

$$=\int_0^1 \sqrt{\frac{\pi^2}{4}\underbrace{\left(\sin^2\frac{\pi}{2}t+\cos^2\frac{\pi}{2}t\right)}_{=1}+\frac{\pi^2}{4}+2\cdot\frac{\pi}{2}\cdot\frac{\pi}{2}\cos\frac{\pi}{2}t}\,dt$$

$$=\int_0^1 \sqrt{\frac{\pi^2}{2}+\frac{\pi^2}{2}\cos\frac{\pi}{2}t}\,dt$$

$$=\int_0^1 \sqrt{\frac{\pi^2}{2}\left(1+\cos\frac{\pi}{2}t\right)}\,dt$$

반각공식을 이용해 $1+\cos\frac{\pi}{2}t=2\cos^2\frac{\pi}{4}t$를 대입하면

$$=\int_0^1 \sqrt{\frac{\pi^2}{2}\cdot 2\cos^2\frac{\pi}{4}t}\,dt$$

$$=\int_0^1 \pi\sqrt{\cos^2\frac{\pi}{4}t}\ dt$$

$$=\pi\int_0^1 \cos\frac{\pi}{4}t\,dt$$

$$=\pi\left[\frac{4}{\pi}\sin\frac{\pi}{4}t\right]_0^1$$

$$=2\sqrt{2}$$

답 $2\sqrt{2}$

2 $x=1$에서 5까지일 때 $f(x)=\frac{1}{3}\sqrt{x^2+2}\,(x^2+2)$의 길이를 구하여라.

풀이 $l=\int_a^b \sqrt{1^2+\left(\frac{dy}{dx}\right)^2}\ dx$를 이용하여 푼다.

그리고 $\sqrt{x^2+2}\,(x^2+2)$는 $(x^2+2)^{\frac{1}{2}}\cdot(x^2+2)$이므로 $(x^2+2)^{\frac{3}{2}}$으로 바꾼다

$$l=\int_1^5 \sqrt{1^2+\left(\frac{1}{3}\cdot\frac{3}{2}(x^2+2)^{\frac{1}{2}}\cdot 2x\right)^2}\,dx$$

$$=\int_1^5 \sqrt{x^4+2x^2+1}\ dx$$

실력 Up

$$=\int_1^5 \sqrt{(x^2+1)^2}\ dx$$

$$=\left[\frac{1}{3}x^3+x\right]_1^5$$

$$=\frac{136}{3}$$

답 $\frac{136}{3}$

통계에서의 적분 이용

통계는 미래의 불확실성을 보다 더 확실하게 예측하기 위해 쓰이는 학문이다. 기존의 자료 등을 토대로 기대 이하의 위험^{risk}으로 낮추고자 하는 학문인 것이다.

때문에 통계에서는 그래프의 분석이 중요하다. 통계의 그래프 분석은 표본조사를 통해 결과값을 나타내고 그 결과값을 적분하여 예측하는 것이다. 이 장에서는 다양한 예를 통해 통계가 어떻게 이용되는지, 그 안에서 적분은 어떻게 쓰이는지 간략하게나마 소개하고자 한다.

(1) $P(a \le X \le b) = \int_a^b f(x)\,dx$

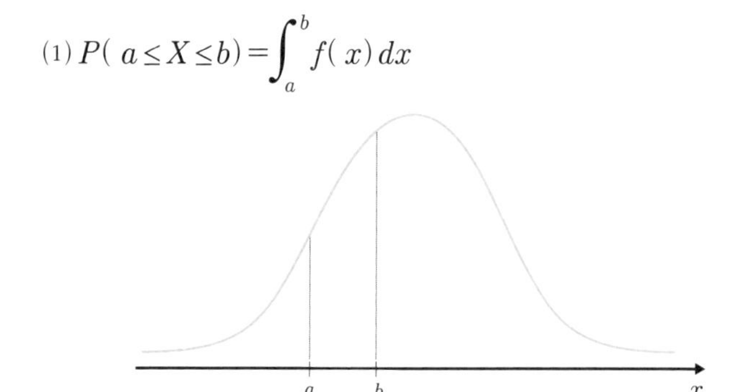

(2) $F(x)=P(X\leq x)=\int_{-\infty}^{x} f(x)\,dx$

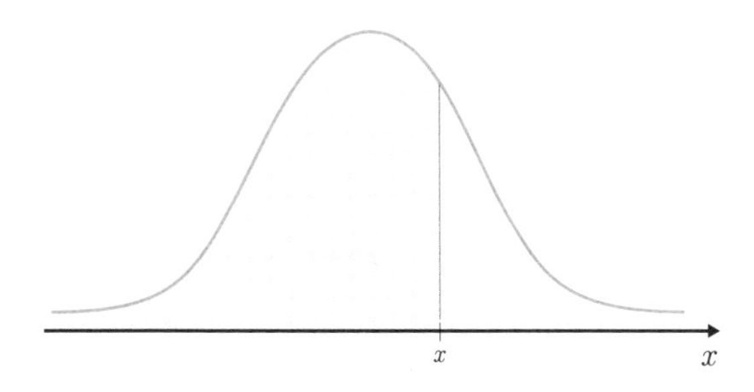

그래프에서 볼 수 있듯 분포를 보고 확률을 구할 때 적분이 쓰이게 된다. 확률밀도함수 Probability density function 의 총합은 1이며

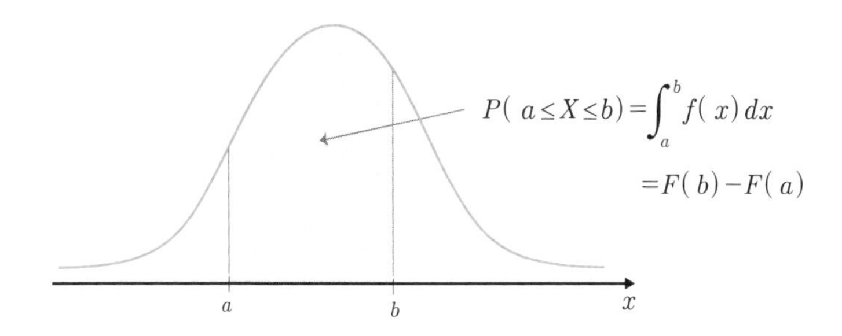

위의 그림처럼 확률밀도함수에서 구간이 a에서 b로 주어지고 함수식을 알면 그 계산은 어렵지 않다.

연속확률변수에서 확률밀도함수가 $f(x)$일 때 평균을 구하는 식은 $E(X)=m=\int_{a}^{b} xf(x)\,dx$이며 이 또한 적분의 계산이 필요하다. 분포의 고른 정도를 나타내는 분산은 $V(x)=\int_{a}^{b} (x-m)^2 f(x)\,dx$

이며 이 경우에도 적분의 계산이 필요하다.

우리는 휴대폰 통신비 내역 고지서를 이메일이나 우편으로 매달 받는다. 내역서 안에는 시간대별 통화시간과 매달 통화료가 막대 그래프로 안내되고 있다. 그 막대그래프는 개개인의 통화 사이클 즉 어느 시간대에 특히 통화를 많이 하는지 파악할 수 있도록 해준다. 따라서 지난달에 통화 지출이 많았다면 막대그래프에서 가장 높은 곳을 찾아 확인하면 된다. 이때 막대그래프의 높이가 통화 지출을 나타내므로 이는 적분이다.

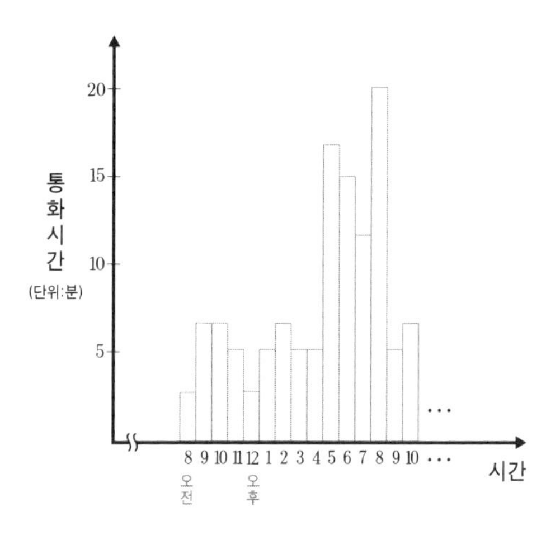

위의 막대그래프를 보면 오후 4시부터 5시 사이, 오후 7시부터 8이 사이에 통화량이 많은 것을 알 수 있다. 시간을 나타내는 x축은 일정하므로 통화시간을 나타내는 y축이 통화시간에 비례하는 통화량을 나타낸 것이다.

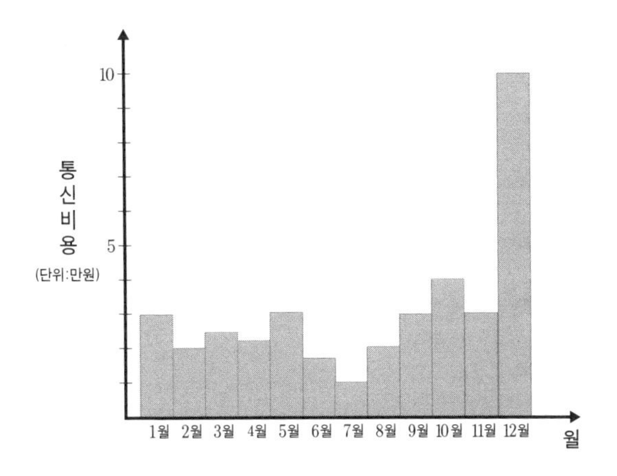

위 그래프는 월별 통신비용에 관한 그래프이다. 만약 통화 지출이 많은 시간에 통화량을 줄였더니 요금의 20%가 감소했다면 통계적으로 20%의 통화량 절감효과를 본 것이다. 이것은 수도요금이나 난방비, 식사비용 등에도 비슷하게 적용된다.

24시간 대형할인매장을 보면 손님이 많은 시간과 적은 시간이 있다. 주말에는 평일보다 고객이 많기 때문에 직원들의 수와 근무강도가 달라지며 성수기와 비성수기의 매출분석을 통해 이익을 증대화시킬 계획도 세울 수 있다. 매출에 관한 막대그래프의 표는 이미 일어난 결과이지만 적분으로 계산한 후 그래프로 나타내어 증가 혹은 감소를 파악함으로써 앞으로의 매출 증대 계획을 세우는 데에 유용하게 쓸 수 있다. 계획을 세울 때 통계의 의사결정분석(수형도라고도 한다)을 통해 세운 대안에 따라 운영계획을 세우고 실천하며 이윤 창출을 시도하게 되는 것이다.

자동차 회사라면 자동차의 특성을 디자인, 승차감, 가격, 서비스 만족도로 분류할 수 있다. 이 네 가지 기준이 구매 고객에게 가장 영향을 미치기 때문이다. 따라서 기업회의에서 디자인이 0.4, 승차감이 0.3, 가격이 0.1, 서비스 만족도가 0.2로 결론이 난다면 디자인이 0.4로 비중이 크므로 디자인에 더욱 치중해 향후 매출 증진 계획을 세우게 된다.

결국 그 기업은 고객들이 디자인을 추구하는 경향을 파악해 회사가 나아갈 방향을 정하는 것이다. 자동차 구매 고객이 비용 즉 가격보다 디자인을 중시한다는 통계 결과에 따른 움직임이다. 이를 위해 실시하는 설문조사는 정규분포를 따르는 표본조사를 통해 그 자료를 얻게 된다.

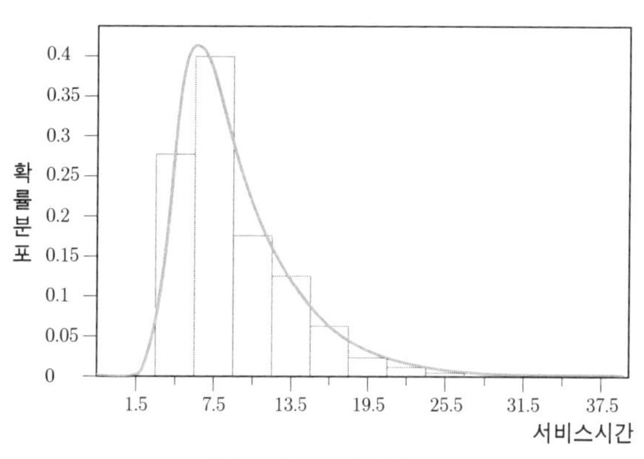

톨게이트 서비스 시간 확률분포

위의 그래프는 톨게이트 관리를 위한 통계자료를 시각화한 것이다. 이는 정규분포를 따르지 않는 얼랑Erlang 분포이지만 수학식에 따르며 이 얼랑 분포는 감마분포gamma distribution의 특수한 경우 중 하나로 $\Gamma(r)=\int_0^\infty x^{r-1}e^{-x}dx$인 식을 가지므로 위의 그래프의 식에 적용한다면 적분이 포함됨을 알 수 있다.

역학적인 유체에 작용하는 힘은 무한급수에서 정적분을 이용한 것이다. 보통 댐의 건설이나 비행기의 엔진에 필요한 식이며, $\lim_{n\to\infty}\sum_{i=1}^{n}P_iA_i$로 나타내며 인티그럴을 붙여서 정적분으로 구할 수 있다. 여기서 P_i는 압력, A_i는 넓이를 뜻하며 넓이에 일정한 압력을 가한 것을 더한 기본식이다.

이 역학을 통해 통계적으로 유효한지 신뢰성을 검증하는 것도 적분과 통계를 이용했다.

제품의 불량률을 줄이고 튼튼하게 만드는 것은 제조사의 목표이다. 따라서 빈 병을 만드는 제조사의 경우 불량률을 줄이기 위한 우선 목표는 품질관리가 될 것이다.

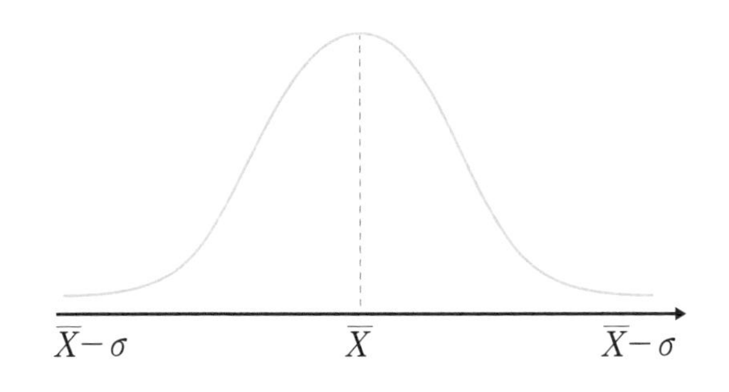

이를 위한 노력의 일환으로 통계 자료가 어떻게 이용되는지 살펴보자. 여기서 시그마(σ)는 표준편차를 의미하여 정상 규격에서 약간 벗어난 것이므로 허용할 수 있는 기준을 의미한다.

색칠한 부분을 99%에 해당하는 정상제품이라 했을 때 색칠하지 않은 1%는 불량품이다. 이 불량품에 대해서는 공정의 개선이 필요하다.

또한 요인분석은 통계 자료를 통해 어느 부품이 이상 있는지 확인하는 작업이므로 대단히 중요하다. 이때 적분 계산을 통해 어느 범위까지 정상제품으로 볼 수 있는지 알아낸다. 그래서 표준편차sigma는 정상제품의 허용구간을 의미하는 부분이며, 적분에서는 적분 구간이 된다.

이 외에도 통계에서 적분을 이용하는 분야는 아주 많아 통계학에 관심이 있다면 적분 공부는 꼭 필요하다.